Python 3.0
科学计算指南

[瑞典] 克劳斯·福勒（Claus Führer） 简·埃里克·索利姆（Jan Erik Solem） 著
奥利维尔·维迪尔（Olivier Verdier）

王威 译

U0332291

人民邮电出版社

北 京

图书在版编目（CIP）数据

Python 3.0科学计算指南 /（瑞典）克劳斯·福勒，
（瑞典）简·埃里克·索利姆（Jan Erik Solem），
（瑞典）奥利维尔·维迪尔（Olivier Verdier）著；王
威译. — 北京：人民邮电出版社，2018.7（2022.1重印）
　ISBN 978-7-115-48114-6

　Ⅰ. ①P··· Ⅱ. ①克··· ②简··· ③奥··· ④王··· Ⅲ. ①
软件工具－程序设计－指南 Ⅳ. ①TP311.561-62

中国版本图书馆CIP数据核字(2018)第051914号

◆ 著　　[瑞典]克劳斯·福勒（Claus Führer）
　　　　[瑞典]简·埃里克·索利姆（Jan Erik Solem）
　　　　[瑞典]奥利维尔·维迪尔（Olivier Verdier）
　译　　王　威
　责任编辑　吴晋瑜
　责任印制　焦志炜

◆ 人民邮电出版社出版发行　　北京市丰台区成寿寺路11号
　邮编　100164　电子邮件　315@ptpress.com.cn
　网址　http://www.ptpress.com.cn
　北京天宇星印刷厂印刷

◆ 开本：800×1000　1/16
　印张：17.25　　　　　　　　　　2018年7月第1版
　字数：335千字　　　　　　　　2022年1月北京第5次印刷
　著作权合同登记号　图字：01-2017-5040号

定价：69.00元
读者服务热线：(010)81055410　印装质量热线：(010)81055316
反盗版热线：(010)81055315
广告经营许可证：京东市监广登字20170147号

内容提要

　　本书旨在通过实际的 Python 3.0 代码示例展示 Python 与数学应用程序的紧密联系，介绍将 Python 中的各种概念用于科学计算的方法。

　　本书共有 15 章。第 1～3 章介绍 Python 中的主要语法元素、基本数据类型、容器类型等概念；第 4～9 章介绍线性代数、高级数组、函数、类、迭代等与数学数据类型紧密相关的内容；第 10～14 章就有关科学计算程序运行过程中错误处理、输入输出、测试等问题进行探索，并具体给出了一些综合实例，以帮助读者进一步掌握前述章节所涵盖的内容；第 15 章介绍符号计算的相关内容，旨在让读者了解这一常用于推导和验证理论上的数学模型和数值结果的技术。

　　本书特色鲜明，示例生动有趣，内容易读易学，既适合 Python 初学者和程序员阅读，也适合高校计算机专业的教师和学生参考。具有编程经验以及科学计算的爱好者也可以将本书作为研究 SciPy 和 NumPy 的参考资料。

作者简介

Claus Führer 是瑞典隆德大学科学计算系的教授。他曾在许多国家和教学机构任教，拥有十分丰富的课堂教学经验，所教授的课程涉及各级数值分析和工程数学的密集程序设计。在与工业界的研究合作中，Claus 还开发出了数值分析软件，并因此荣获了 2016 年度隆德大学工程学院最佳教师奖。

Jan Erik Solem 是 Python 的狂热爱好者。他曾任瑞典隆德大学的副教授，目前是 Mapillary 公司（一家街景计算机视觉公司）的 CEO。他曾是 Polar Rose 公司的创始人兼 CTO，并担任人脸识别专家，还担任过苹果公司计算机视觉团队的负责人。Jan 是世界经济论坛的技术先驱之一，曾凭借图像分析和模式识别的论文荣获 2005—2006 年度北美最佳论文奖。他也是《Programming Computer Vision with Python》[①]一书的作者。

Olivier Verdier 于 2009 年获得了瑞典隆德大学的数学博士学位。他也是德国科隆大学、挪威特隆赫姆大学、挪威卑尔根大学和瑞典乌梅奥大学的博士后。Olivier Verdier 早在 2007 年就开始用 Python 进行科学计算，目前是挪威卑尔根大学数学系的副教授。

译者简介

王威，资深研发工程师，曾就职于携程、东方财富等互联网公司，目前专注于互联网分布式架构设计、大数据与机器学习、算法设计等领域的研究，擅长 C#、Python、Java、C++等技术栈。《精通 Python 自然语言处理》一书的译者。

---

① 2012 年由 O'Reilly 出版社出版，中文名为《Python 计算机视觉编程》，2014 年由人民邮电出版社出版。——编辑注

审稿人简介

Helmut Podhaisky 在德国马丁路德·哈勒维腾贝格大学的数学研究所工作，教授数学和科学计算课程。他参与编写了一本有关常微分方程数值解法的书，并发表了若干有关数值解法的研究论文。出于工作需要和个人爱好，他同时使用 Python、Fortran、Octave、Mathematica 和 Haskell 等编程语言。

致谢

感谢德国哈勒大学的 Helmut Podhaisky 为我们提供了许多中肯且有益的意见和建议。在写作过程中有这样的一位合作伙伴，是我们莫大的幸运。

还要感谢本书初版的审阅者——瑞典皇家理工学院的 Linda Kann、仿真研究实验室的 Hans Petter Langtangen 以及特隆赫姆挪威科技和自然大学的 Alf Inge Wang。

一本书必须要在实际教学实践中进行检验。我们有非常棒的合作伙伴——这几年从事"Beräkningsprogramering med Python"课程的助教以及参与教学的同事。他们分别是隆德大学的 Najmeh Abiri、Christian Andersson、Dara Maghdid、Peter Meisrimel、Fatemeh Mohammadi、Azahar Monge、Anna-Maria Persson、Alexandros Sopasakis 和 Tony Stillfjord。Najmeh Abiri 还测试了本书大部分 Jupyter notebook 素材。

在编写本书的过程中，我们得到了来自 Packt 出版社的 Aishwarya Pandere 和 Karan Thakkar 的帮助，他们在组合不同时区和不同文本处理工具方面一直都是富有建设性、友好且乐于助人的合作伙伴，谢谢两位朋友。

Claus Führer，Jan Erik Solem，Olivier Verdier 隆德大学

于挪威卑尔根

前言

Python 不仅可用于通用编程，其免费开源的语言和环境使得它在科学计算领域也具有巨大的潜力。本书呈现了 Python 与数学应用程序的紧密联系，展示了如何将 Python 中的各种概念用于科学计算目的，并给出了最新版的 Python 3.0 代码示例。在衔接科学计算和数学时，Python 可以作为一个有效的工具来使用。本书将向读者介绍将其应用于线性代数、数组、绘图、迭代、函数以及多项式等的方法。

本书内容

第 1 章介绍了 Python 的主要语法元素。本章不深入细节，仅对全书进行了概览。对于想要直接开始的读者来说，本章是一个好的起点。希望在后面的章节中理解某个示例（在深入解释函数之前可能会使用类似函数的结构）的读者可以将本章作为一个快速参考。

第 2 章介绍了 Python 中最重要的基本数据类型。浮点类型以及特殊数值类型 nan 和 inf 是科学计算中比较重要的数据类型。其他基本数据类型以及布尔类型、整型、复合类型和字符串类型都会在本书中用到。

第 3 章解释了如何使用容器类型，主要是列表的使用。本章分别以索引和循环的方式来访问容器对象，以便解释字典和元组。有时甚至会使用集合作为一个特殊的容器类型。

第 4 章介绍了如何使用线性代数中最重要的对象——向量和矩阵。本书选择 NumPy 数组作为描述矩阵甚至高阶张量的核心工具。该数组具有许多高级特征，还允许将通用函数作用于矩阵或向量元素。本书重点说明了数组索引、切片和点积等大多数计算任务中的基本操作。为了说明 SciPy 子模块 linalg 的用法，本章提供了一些线性代数的示例。

第 5 章解释了数组一些更高级的方面。对于数组副本和视图之间的区别，人们普遍认为视图让程序使用数组非常快，但这通常是错误的来源，而且很难调试。本章展示和说明了使用布尔数组来编写有效、紧凑和可读的代码，最后通过类比对函数执行的操作解释了阵列广播的技术（NumPy 数组的一个独特特征）。

第 6 章展示了如何绘图，主要是经典的 x/y 二维绘图，还有三维绘图和直方图。科学计算需要好的工具将结果可视化。本章从其子模块 pyplot 便捷的绘图命令开始介绍 Python 中的 Matplotlib 模块。通过创建诸如 axes 的图形对象，可以实现对绘图的精细调整和修改。我们将说明如何更改这些对象的属性，并对其进行注释。

第 7 章介绍了构成编程中的基本构件——函数，函数可能是最接近底层的数学概念。函数定义和函数调用可以理解为设置函数参数的不同方式。我们在本书的各种示例中引入并使用了匿名的 lambda 函数。

第 8 章介绍了类的相关内容。类的实例即为对象，我们为其提供了方法和属性。在数学中，类的属性通常相互依赖，这需要对 setter 函数和 getter 函数使用特殊的编程技术。针对特殊的数学数据类型，可以定义基本的数学运算，例如+。继承和抽象是面向对象编程所反映的数学概念。本章通过一个简单的求解常微分方程的类展示了类继承的用法。

第 9 章使用循环和迭代器展示了迭代的用法。本书中没有专门设置循环和迭代的章节，但是讨论了迭代器的原理并创建了自己的生成器对象。在本章中，读者将了解为什么生成器可以被用尽以及如何编写无限循环程序。对本章来说，Python 的 itertools 模块是一个不错的伴侣。

第 10 章介绍错误处理的内容，涵盖错误和异常以及查找和修复它们的方法。错误或异常是一个事件，它会中断程序单元的执行。本章展示了处理异常的方法。读者将学会定义自己的异常类以及如何提供可用于捕获这些异常的有价值的信息。异常处理不仅仅是打印一条错误消息。

第 11 章介绍了命名空间、范围和模块，涵盖了 Python 的模块。什么是局部变量和全局变量？变量对程序单元什么时候可知以及什么时候不可知？本章将就这些内容进行了讨论。变量可以通过参数列表传递给函数，也可以通过利用其作用域来默认注入。该技术什么时候应该使用以及什么时候不该使用？本章将试图对这一核心问题给出答案。

第 12 章介绍了输入和输出，涵盖了处理数据文件的一些选项。数据文件用于为一个给定的问题存储和提供数据，通常是大规模存储量。本章介绍了使用不同的格式来访问和修改这些数据的方法。

第 13 章重点关注科学计算程序的测试。核心工具是单元测试，它允许我们进行自动化测试和参数化测试。通过思考计算数学中的经典二分算法，我们举例说明了设计有用测试的不同步骤，副作用就是需要发布一段代码的使用文档。详细的测试会提供测试协议，这些测试协议在之后调试一段通常由多名程序员编写的复合代码时非常有用。

第 14 章展示了一些综合且较长的实例，并简要介绍了其理论背景及完整实现。这些例子使用了本书展示的所有结构，并将它们放在一个更大、更复杂的上下文中。读者可以随意地扩展它们。

第 15 章主要讨论符号计算。科学计算主要是伴随不精确数据和近似结果的数值计算。这与通常是正式操作的符号计算形成鲜明的对比，符号计算的目标是在闭合的表达式中得到精确的答案。在本书的最后一章中，我们介绍了 Python 的这项技术，其经常用于推导和验证理论上的数学模型和数值结果。我们将重点介绍符号表达式的高精度浮点评估。

本书的阅读前提

读者需要安装 Python 3.5 或更高的版本、SciPy、NumPy、Matplotlib、IPython shell（我们强烈建议通过 Anaconda 安装 Python 及其软件包）。本书的示例在内存和显卡方面没有任何特殊的硬件要求。

读者对象

本书是自 2008 年以来在隆德大学教授的 Python 科学计算课程的教学成果。多年来，课程不断地扩展，这些课程资料的简明版本曾用于科隆大学、特隆赫姆大学、斯塔万格大学、索伦大学、拉普兰塔大学的教学，同时也用于公司层面的计算任务。

我们坚信 Python 及其周边的科学计算生态系统——SciPy、NumPY 和 Matplotlib 将在科学计算环境中取得巨大的进步。Python 和前面提到的库都是免费和开源的。更重要的是，Python 是一种可以添加一系列额外附加功能的现代语言。这些附加功能包括面向对象编程、可测试、IPython 的高级 shell 命令等。在写这本书时，我们考虑到如下两类读者。

- 选择将 Python 作为其第一门编程语言的读者将在教师主导的课程中使用这本书。本书囊括了不同的主题，并提供背景阅读和实验。教师通常会依据入门课程的学习效果来选择和订购本书的材料。

- 已经具有编程经验以及喜欢科学计算或数学的读者，在潜心研究 SciPy 和 NumPy

时可以将该书作为参考资料。比如说 Python 中的编程与 MATLAB 中的编程有很大的不同。这本书想要说明"pythonic"的编程方式可以使编程成为一种享受。

我们的目标是阐明在科学计算环境中以 Python 开始的步骤。读者可以按顺序阅读，或者挑选你最感兴趣的部分阅读。毋庸置疑，提高一个人的编程技能需要大量的实践，因此实践书中所提供的示例和练习是非常明智的。

我们希望读者能使用 Python、SciPy、NumPY 和 Matplotlib 进行编程，并享受其中。

Python vs.其他语言

要决定一本涉及科学计算的书籍使用什么编程语言，需要考虑许多因素。语言本身的学习门槛对初学者来说是非常重要的。脚本语言通常是最好的选择。对数值计算来说，大量的模块是必需的，最好还要有强大的开发者社区。如果这些核心模块建立在经过良好测试且优化过的快速库（例如 LAPACK）的基础之上，就会更好。最后，如果语言在更广泛的应用范围内也可以使用，读者更有机会在学术背景之外使用本书所学到的技能。因此我们很自然地选择了 Python 语言。

简单来说，Python 具有如下特点。

- 免费和开源。
- 一种脚本语言，意味着它是解释型语言。
- 一种现代语言（面向对象、异常处理、动态类型等）。
- 简明、易读、易学。
- 大量免费可用的库，特别是科学计算库（线性代数、可视化工具、绘图、图像分析、微分方程求解、符号计算、统计等）。
- 可用于更广泛的环境中：科学计算、脚本、网站、文本解析等。
- 广泛应用于工业界。

有一些 Python 的替代语言，这里列出了其中一些，并给出了它们与 Python 的区别。

- Java、C ++：面向对象的编译型语言。与 Python 相比，Java 和 C++显得更加冗长和低级，几乎没有科学计算库。
- C、FORTRAN：低级编译型语言。这两种语言都广泛应用于科学计算。对于科学计算来说，计算时间很重要。现在通常将这些语言与 Python 混合在一块。

- PHP、Ruby 以及其他解释型语言。PHP 是面向 Web 开发的。Ruby 与 Python 一样灵活，但几乎没有科学计算库。

- MATLAB、Scilab、Octave：MATLAB 是用于科学计算的矩阵计算工具，其拥有庞大的科学计算库，语言特性并不像 Python 那样先进，既不免费，也不开源；SciLab 和 Octave 是与 MATLAB 语法相似的开源工具。

- Haskell：Haskell 是一种现代的函数式语言，与 Python 相比，其遵循不同的编程范式。有一些通用的结构，比如列表解析。Haskell 很少用于科学计算，参见文献 [12]。

关于 Python 的其他文献

我们给出了一些有关 Python 文献的建议。这些文献可以作为补充资源或者作为并行阅读的文本材料。大多数有关 Python 的入门书籍都致力于将这种语言作为通用的工具。我们想在这里明确提出一个很好的例子就是文献 [19]，它通过简单的例子来解释语言，例如，用一个组建比萨店的例子来解释面向对象编程。

目前专门针对科学计算和工程的 Python 专著很少。我们想提一下 Langtangen 所著的两本书，这两本书将科学计算与现代的"pythonic"编程风格相结合，参见文献 [16、17]。

这种"pythonic"编程风格也是我们教授数值算法编程方法的指导原则。我们试图展示在计算机科学中有多少成熟的概念和结构可应用于科学计算中的问题。比萨店的例子由拉格朗日多项式（Lagrange polynomials）代替，生成器成为 ODE 的时间步长方法等。

最后我们不得不提到网络上数不胜数的文献。在编写这本书时，网络也是一个主要的知识来源。网络文献通常包含新事物，但也可能是完全过时的。网络还会展示可能相互矛盾的解决方案和解释。我们强烈建议将网络作为附加资源，但更好的切入点是"传统的"教科书加上"编辑过的"网络资源，这足以帮助读者通往丰富且全新世界。

排版约定

本书用不同的文本样式来区分不同种类的信息。下面给出了这些文本样式的示例及其含义。

文本中的代码文字、数据库表名、文件夹名称、文件名、文件扩展名、路径名以及用户输入表示如下："install additional packages with `conda install` within your virtual environment"。

代码块的样式如下所示：

```
from scipy import *
from matplotlib.pyplot import *
```

任何命令行的输入或输出如下所示：

jupyter notebook

新的术语和重要的单词都会以粗体显示。读者在页面上看到的单词，例如在菜单或对话框中，会像这样出现在文本中："The **Jupyter notebook** is a fantastic tool for demonstrating your work."

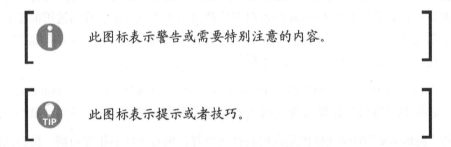

此图标表示警告或需要特别注意的内容。

此图标表示提示或者技巧。

下载本书彩图

我们还为读者提供了一个 PDF 文件，其中包含了书中所使用的截图/图表的彩图。彩图将帮助读者更好地理解输出中的变化。读者可以从以下网站下载该文件，网址为www.epubit.com。

勘误

如果读者在本书里发现了错误，可能是文字的或者代码中的错误，请访问 http://www.epubit.com，选择相应图书，提交勘误详情。一经证实，读者所提出的勘误将被接收并上传至我们的网站，或加入已有的勘误列表中。

资源与支持

本书由异步社区出品，社区（https://www.epubit.com/）为您提供相关资源和后续服务。

提交勘误

作者和编辑尽最大努力来确保书中内容的准确性，但难免会存在疏漏。欢迎您将发现的问题反馈给我们，帮助我们提升图书的质量。

当您发现错误时，请登录异步社区，按书名搜索，进入本书页面，单击"提交勘误"，输入勘误信息，单击"提交"按钮即可。本书的作者和编辑会对您提交的勘误进行审核，确认并接受后，将赠予您异步社区的 100 积分。积分可用于在异步社区兑换优惠券、样书或奖品。

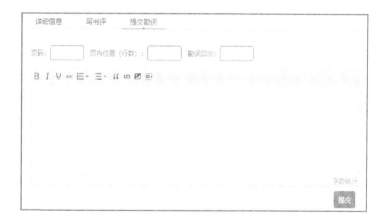

扫码关注本书

扫描下方二维码，您将会在异步社区微信服务号中看到本书信息及相关的服务提示。

与我们联系

我们的联系邮箱是 contact@epubit.com.cn。

如果您对本书有任何疑问或建议，请您发邮件给我们，并请在邮件标题中注明本书书名，以便我们更高效地做出反馈。

如果您有兴趣出版图书、录制教学视频，或者参与图书翻译、技术审校等工作，可以发邮件给我们；有意出版图书的作者也可以到异步社区在线提交投稿（直接访问 www.epubit.com/selfpublish/submission 即可）。

如果您是学校、培训机构或企业，想批量购买本书或异步社区出版的其他图书，也可以发邮件给我们。

如果您在网上发现有针对异步社区出品图书的各种形式的盗版行为，包括对图书全部或部分内容的非授权传播，请您将怀疑有侵权行为的链接发邮件给我们。您的这一举动是对作者权益的保护，也是我们持续为您提供有价值的内容的动力之源。

关于异步社区和异步图书

"异步社区"是人民邮电出版社旗下 IT 专业图书社区，致力于出版精品 IT 技术图书和相关学习产品，为作译者提供优质出版服务。异步社区创办于 2015 年 8 月，提供大量精品 IT 技术图书和电子书，以及高品质技术文章和视频课程。更多详情请访问异步社区官网 https://www.epubit.com。

"异步图书"是由异步社区编辑团队策划出版的精品 IT 专业图书的品牌，依托于人民邮电出版社近 30 年的计算机图书出版积累和专业编辑团队，相关图书在封面上印有异步图书的 LOGO。异步图书的出版领域包括软件开发、大数据、AI、测试、前端、网络技术等。

异步社区

微信服务号

目录

第 1 章
入门

本章将简要介绍 Python 的主要语法元素，用以指导刚刚开始学习编程的读者。这里介绍的每一个主题都是以 how-to 的方式呈现的，本书稍后将以更深层概念的方式来解释它们，同时会用许多应用和拓展来丰富这些内容。

本章将会以 Python 的方式来构建经典的语言结构，以便帮助那些掌握了一门其他编程语言的读者快速入门 Python 编程。

我们鼓励以上两类读者将本章作为一个简明扼要的指南。然而在开始之前，我们必须确保一切准备就绪，并确保你安装了正确版本的 Python 以及用于科学计算的主要模块和工具，例如一个性能良好的代码编辑器和一个 shell 工具，这些将有助于代码的开发和测试。

即便你用的是已经安装过 Python 的计算机，也请阅读下面的内容，因为可能需要调整一些东西，以便使工作环境适合本书的演示内容。

1.1　安装和配置说明

在深入本书主题之前，你应该在计算机上安装好所有相关的工具。我们会给你一些建议，并推荐一些你可能想要使用的工具，但仅限于通用和免费的工具。

1.1.1　安装

Python 目前有两个主要的版本：2.x 分支和新的 3.x 分支。这些分支之间存在语言不兼容性，必须注意使用的是哪个分支。考虑到最新的发布版本是 3.5，因此本书采用了基于 3.x 的分支。

你需要安装以下内容。

- 解释器：Python 3.5（或以上版本）。

- 用于科学计算的模块：SciPy 和 NumPy。

- 用图形表示数值结果的模块：matplotlib。

- Shell：IPython。

- Python 代码编辑器：Spyder 见图 1.1 和 Geany。

通过所谓的分发包，以上这些内容的安装将变得非常轻松。推荐使用 Anaconda。Spyder 代码编辑器的默认屏幕由位于左边的编辑窗口、右下角的可访问 IPython shell 命令的控制台窗口以及右上角的帮助窗口所组成，如图 1.1 所示。

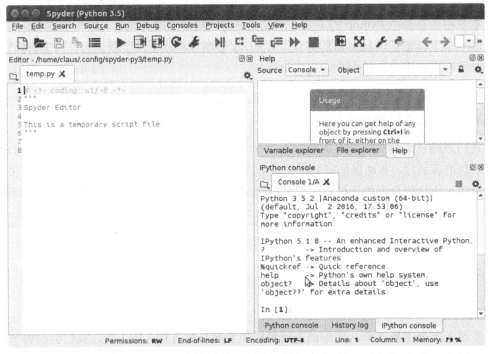

图 1.1　Spyder 代码编辑器

1.1.2　Anaconda

即使你的计算机预先安装了 Python，也推荐你创建自己的 Python 开发环境，以便你能 "无意外风险"（不受计算机所依赖软件的影响）地工作。在一个虚拟的环境中，例如 Anaconda，你可以随意地更改语言的版本并安装软件包，却不会有意外的副作用。

　　如果出现了最坏的情况，而且你把事情全部搞砸了，只需要删除 Anaconda 目录并重启。运行 Anaconda 安装包将安装 Python、Python 开发环境以及代码编辑器（Spyder）、Shell IPython 以及最重要的数值计算包，如 SciPy、NumPy 和 Matplotlib。

　　在 Anaconda 创建的虚拟环境中，可以使用 `conda install` 来安装其他附加的软件包（见参考文献[2]的官方文档）。

1.1.3　配置

　　大多数 Python 代码都保存在文件中，因此建议在所有的 Python 文件中使用如下开头：

```
from scipy import *
from matplotlib.pyplot import *
```

　　经过这一步，应确保导入了本书用到的所有标准模块和函数，如 SciPy。缺少这一步，本书中的大多数示例都会报错。许多代码编辑器，如 Spyder，可用于为文件创建模板。找到此功能，并将上述开头放入模板中。

1.1.4　Python Shell

　　Python Shell 很好，但不是最佳的脚本交互方式，因此建议使用 IPython 来进行替代（见参考文献[26]的官方文档）。我们可以用不同的方式启动 Ipython。

- 在终端 Shell 中运行命令 `ipython`。
- 直接单击一个名为 Jupyter QT Console 的图标。

- 使用 Spyder 代码编辑器时，应该使用 IPython 控制台（见图 1.1）。

1.1.5　执行脚本

　　通常用户想要运行一个程序文件中的内容。这依赖于文件在计算机上的位置，在运行程序文件的内容之前，导航到正确的文件位置是非常有必要的。

- 使用 IPython 中的命令 cd，以便移动到文件所在的目录。
- 要运行名为 myfile.py 的程序文件的内容，只需在 IPython Shell 中运行如下命令：

```
run myfile
```

1.1.6 获取帮助

下面是一些关于如何使用 IPython 的小贴士。

- 要获取有关对象的帮助信息，只需要在对象名后输入"？"，然后返回。
- 使用上下箭头键可以重用上一次执行的命令。
- 可以使用 Tab 键完成输入（也就是说，写入变量或方法的第一个字母，IPython 会显示一个包含所有可能输入的菜单）。
- 使用"Ctrl + D"组合键退出。
- 使用 IPython 的魔法功能。可以通过在命令提示符上使用"%magic"来找到一个列表及其相关说明。

 可以在其在线文档中找到更多有关 IPython 的信息，见参考文献 [15]。

1.1.7 Jupyter – Python 笔记本

Jupyter notebook 是演示你工作的绝佳工具。学生可能想用它来制作、记录作业和练习；老师可以用它来备课，甚至制作幻灯片和网页。

如果已经通过 Anaconda 安装了 Python，那么就拥有了 Jupyter 的所有功能。可以通过在终端窗口中运行以下命令来调用笔记本：

```
jupyter notebook
```

此时将会打开一个浏览器窗口，用户可以通过 Web 浏览器与 Python 进行交互。

1.2 程序与控制流

程序是按自上而下顺序执行的一系列语句。这个线性执行顺序会有一些重要的例外。

- 可能有条件执行的语句组（块），我们将其称为分支。

- 有重复执行的块，称为循环（见图 1.2）。

- 有一些函数调用是引用另一段代码，它在主程序流程返回之前执行。函数调用打破了线性执行，并在程序单元将控制权传递到另一个单元（即一个函数）时暂停执行。当被调用的函数执行完后，它的控制权被交回到调用单元。

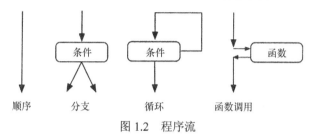

图 1.2 程序流

Python 使用特殊语法来标记语句块：一个关键字、一个冒号和一个缩进的语句序列，它们属于一个块（见图 1.3）。

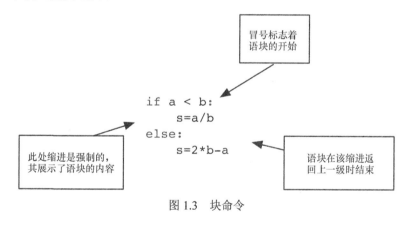

图 1.3 块命令

1.2.1 注释

如果程序的一行代码包含符号#，则同一行代码#后面的内容都将被视为注释：

```
# 这是如下语句的注释
a = 3 # ... 这里可能有更进一步的注释
```

1.2.2 行连接

行末尾的反斜杠（\）将下一行标记为连续行，即显式行连接。如果行在所有圆括号关闭之前结束，则以下行将自动被识别为连续行，即隐式行连接。

1.3 基本类型

本节介绍 Python 中的基本数据类型。

1.3.1 数值类型

数字可以是整数、实数或复数。常用的运算符有以下几种。

- 加法和减法：+和 − 。

- 乘法和除法：*和/。

- 幂：**。

这里有一个例子：

```
2 ** (2 + 2) # 16
1j ** 2 # -1
1. + 3.0j
```

> **复数的符号**
>
> j 是用于表示复数的虚部的符号。它是一个句法元素，不应该与变量的乘法混淆。有关复数的更多信息，请参见第 2 章的数值类型部分，变量和基本类型。

1.3.2 字符串

字符串是放在单引号或双引号中间的一系列字符序列：

```
'valid string'
"string with double quotes"
"you shouldn't forget comments"
'these are double quotes: ".." '
```

还可以对多行的字符串使用三重引号：

```
"""This is
 a long,
```

```
long string"""
```

1.3.3 变量

变量是对某个对象的引用。一个对象可能有好几个引用。可以使用赋值运算符 "=" 给一个变量赋值：

```
x = [3, 4] # 创建了一个列表对象
y = x # 该对象现在有两个标签: x 和 y
del x # 我们将其中一个标签删除
del y # 两个标签均被删除: 对象被删除
```

可以通过 print 函数来显示变量的值：

```
x = [3, 4] # 创建了一个列表对象
print(x)
```

1.3.4 列表

列表是一个非常有用的数据结构，也是 Python 的基本类型之一。Python 列表是放在方括号里面的有序对象列表，可以把从零开始的索引放在方括号里来访问列表的元素：

```
L1 = [5, 6]
L1[0] # 5
L1[1] # 6
L1[2] # 引发索引错误
L2 = ['a', 1, [3, 4]]
L2[0] # 'a'
L2[2][0] # 3
L2[-1] # 最后的元素: [3,4]
L2[-2] # 倒数第二个元素: 1
```

元素的索引从零开始。可以将任何类型的对象放在列表中，甚至是其他的列表。一些基本的列表函数如下。

- `list(range(n))` 创建一个 *n* 个元素的列表, 元素从零开始:

  ```
  print(list(range(5)))  #返回 [0, 1, 2, 3, 4]
  ```

- `len` 给出一个列表的长度:

  ```
  len(['a', 1, 2, 34])  #返回 4
  ```

- append 用于将元素添加到列表当中：

```
L = ['a', 'b', 'c']
L[-1] # 'c'
L.append('d')
L  #L 现在是['a', 'b', 'c', 'd']
L[-1] # 'd'
```

1.3.5 列表运算符

- 运算符 "+" 连接了两个列表：

```
L1 = [1, 2]
L2 = [3, 4]
L = L1 + L2 # [1, 2, 3, 4]
```

- 正如人们所期望的那样，将列表与整数相乘，列表将重复自身几次：

n*L 相当于执行了 n 次加法操作

```
L = [1, 2]
3 * L # [1, 2, 1, 2, 1, 2]
```

1.3.6 布尔表达式

布尔表达式是值可能为 True 或 False 的表达式。一些可以生成条件表达式的常用操作符如下。

- == （等于）。
- != （不等于）。
- <、<= （小于、小于等于）。
- >、>= （大于、大于等于）。

可以用 or 或者 and 来组合不同的布尔值。

关键字 not 给出了其后续表达式的否定逻辑值。比较可以被链接，例如使得 x <y <z 等价于 x < y and y < z。不同的是，第一个例子中 y 只被求了一次值。

在这两种情况下，z 都没有被计算，对于第一个条件 x <y，算出的值为 False：

```
2 >= 4 # False
```

```
2 < 3 < 4 # True
2 < 3 and 3 < 2 # False
2 != 3 < 4 or False # True
2 <= 2 and 2 >= 2 # True
not 2 == 3 # True
not False or True and False # True!
```

> **ⓘ 优先规则**
>
> <, >、<=、>=、!=和==操作符的优先级比 not 更高。
> 操作符 and 或 or 优先级最低。具有较高优先级规则
> 的操作符在较低优先级规则之前进行计算。

1.4 使用循环来重复语句

循环用于重复执行一系列语句，同时将变量从一个变量修改为另一个变量。该变量称为索引变量。它依次分配给列表中的元素（见第9章）：

```
L = [1, 2, 10]
for s in L:
    print(s * 2) # 输出: 2 4 20
```

在 for 循环中要重复的部分必须正确缩进：

```
for elt in my_list:
    do_something
    something_else
print("loop finished") # 在 for 块之外
```

1.4.1 重复任务

for 循环的典型用法是将某个任务重复执行固定的次数。

```
n = 30
for iteration in range(n):
    do_something # 此任务被执行 n 次
```

1.4.2 break 和 else

for 语句有两个重要的关键字：break 和 else。即使正在迭代的列表没有迭代完，

break 也将退出 for 循环：

```
for x in x_values:
    if x > threshold:
        break
    print(x)
```

else 检查 for 循环是否被 break 关键字中断，如果没有中断，则执行 else 关键字之后的代码块：

```
for x in x_values:
    if x > threshold:
        break
else:
    print("all the x are below the threshold")
```

1.5 条件语句

本节介绍了如何使用条件语句来对代码进行分支、中断或者其他方式的控制。当条件语句为真时，其界定的代码块将被执行。如果条件不满足，将执行以关键字 else 开始的可选块（见图 1.3）。下面通过打印 x 的绝对值 $|x|$ 来展示这个过程：

$$|x| = \begin{cases} x & x \geq 0 \\ -x & \text{其他} \end{cases}$$

等效的 Python 代码如下所示：

```
x = ...
if x >= 0:
    print(x)
else:
    print(-x)
```

任何对象都可以被测试真值，用于 if 或 while 语句。有关如何获取真值的规则将在第 2.3.5 节进行说明。

1.6 使用函数封装代码

函数用于将相似的代码收集在一个地方。考虑以下数学函数：

$$x \mapsto f(x) := 2x + 1$$

等效的 Python 代码如下所示：

```
def f(x):
    return 2*x + 1
```

图 1.4 解释了一个函数块的组成要素。

- 关键字 def 告诉 Python 解释器要定义一个函数。

- f 为函数的名称。

- x 是函数的参数或者称为函数的输入。

- return 语句后面的被称为函数的输出。

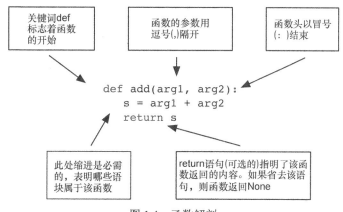

图 1.4　函数解剖

一旦定义了函数，就可以用以下方式的代码来调用它：

```
f(2) # 5
f(1) # 3
```

1.7　脚本和模块

文件（通常有一个 py 扩展名）中的语句集合称为脚本。假设将以下代码的内容放入名为 smartscript.py 的文件中：

```
def f(x):
    return 2*x + 1
```

```
z = []
for x in range(10):
    if f(x) > pi:
        z.append(x)
    else:
        z.append(-1)
print(z)
```

在 Python 或 IPython Shell 中，当打开和读取文件后，可以使用 exec 命令来执行这个脚本。代码如下：

```
exec(open('smartscript.py').read())
```

IPython Shell 提供了魔法命令 %run，作为执行脚本的一种方便的替代方式：

```
%run smartscript
```

1.7.1 简单的模块——函数的集合

通常人们将函数收集在一个脚本文件中。这将创建一个具有额外功能的 Python 模块。为了说明这一点，下面通过将函数集合在一个单独的文件中来创建一个模块，如 smartfunctions.py：

```
def f(x):
    return 2*x + 1
def g(x):
    return x**2 + 4*x - 5
def h(x):
    return 1/f(x)
```

- 这些函数现在可以由任意外部的脚本所使用，也可以直接在 IPython 环境中使用。
- 模块内的函数可以相互依赖。
- 将函数按共同的主题或目的进行分组，使得模块可以被其他人共享和使用。

再次强调，命令 exec（open（'smartfunctions.py'). read（））使这些函数可用于你的 IPython Shell（注意还有 IPython 的魔法函数 run）。在 Python 术语中，一般说它们被放到了实际的命名空间中。

1.7.2 使用模块和命名空间

另外，可以通过命令 import 导入模块。它创建了一个有名字的命名空间。命令 from 将函数放到了通用的命名空间中：

```
import smartfunctions
print(smartfunctions.f(2))        # 5

from smartfunctions import g      #仅输入此函数
print(g(1)) # 0

from smartfunctions import *      #输入所有函数
print(h(2)*f(2))                  # 1.0
```

Import

命令 import 和 from 将函数导入相应的命名空间中。
在导入之后更改函数对当前的 Python 会话没有影响。
有关模块的更多信息，请参见第 11 章。

1.8 解释器

Python 解释器按以下步骤执行。

（1）运行语法。

（2）逐行执行代码。

（3）不执行函数或类声明中的代码（但是要检查语法）。

```
def f(x):
    return y**2
a = 3   # a 和 f 在这里均被定义
```

因为没有语法错误，所以可以运行以上程序。只有当调用函数 f 时，才会出现错误。

```
f(2)   # 错误，y 未被定义
```

1.9　小结

本章简单地介绍了 Python 的主要语法元素而没有深入细节。

读者现在应该能够开始尝试一些简短的代码并测试不同的程序结构。所有这些都将作为以下章节的"开胃菜"。在后续章节中，我们将为你提供详细的资料、示例、练习以及更多的背景知识。

第 2 章
变量和基本数据类型

本章将介绍 Python 中最重要和最基本的数据类型。什么是数据类型？它是由数据内容、表达式以及所有可能的操作符所组成的集合。稍后在本书的第 8 章介绍类的概念时，我们将会更精确地定义这一概念。

2.1 变量

变量是对 Python 对象的引用，可以通过赋值运算符来创建变量，例如：

```
a = 1
diameter = 3.
height = 5.
cylinder = [diameter, height]   #引用列表
```

变量名可以由任意的大小写字母、下画线和数字组合而成。变量名不能以数字开头。注意变量名是区分大小写的。好的变量命名是描述你工作的重要组成部分，因此我们建议使用描述性的变量名。

Python 中有一些保留的关键字不能用作变量名（见表 2.1）。尝试使用这些关键字作为变量名将会引发语法错误。

表 2.1   Python 中的保留关键字

and	as	assert	break	class	continue	def	del
elif	else	except	exec	False	finally	for	from
global	if	import	in	is	lambda	None	nonlocal

续表

not	or	pass	raise	return	True	try	while
yield							

与其他编程语言不同的是，Python 变量不需要进行类型声明。可以用一个多重赋值语句来创建多个变量：

```
a = b = c = 1  #变量 a、b、c 的值均为 1
```

变量在它们定义后也可以被修改：

```
a = 1
a = a + 1  #a 的值变为 2
a = 3 * a  #a 的值变为 6
```

最后两个语句是通过使用增量运算符，将两个运算符分别直接与赋值运算符组合在一起来书写的：

```
a += 1  #相当于 a = a + 1
a *= 3  #相当于 a = 3 * a
```

2.2 数值类型

在某些时候，你不得不与数字打交道，因此首先考虑 Python 中不同形式的数值类型。在数学中，我们区分了自然数（$\mathbb{N}$）、整数（$\mathbb{Z}$）、有理数（$\mathbb{Q}$）、实数（$\mathbb{R}$）和复数（$\mathbb{C}$），它们都是无限数集。这些集合之间的运算符各不相同，甚至可能还未被定义。例如，$\mathbb{Z}$ 中两个数的通用除法运算可能得不到一个整数值——因为它并没有在 $\mathbb{Z}$ 上定义。

像其他计算机语言一样，Python 中也有数值类型。

- 数值类型 int：理论上至少是整个 $\mathbb{Z}$。
- 数值类型 float：是 $\mathbb{R}$ 的有限子集。
- 数值类型 complex：是 $\mathbb{C}$ 的有限子集。

有限集有最大值和最小值，并且两个数值之间存在最小间距。更多详细信息，请参阅第 2.2.2 节。

2.2.1 整数类型

整数类型是最简单的数值类型。

普通整数

语句 k = 3 将一个整数赋值给变量 k。

将+、− 或*运算符应用于整数会返回一个整数，除法运算符//会返回一个整数，而除法运算符/可能返回一个浮点数：

```
6 // 2   # 3
7 // 2   # 3
7 / 2    # 3.5
```

Python 中的整数集是无限的，没有最大的整数。这里的限制是计算机的内存，而不是语言给出的任何固定值。

 如果示例中的除法运算符（/）返回 3，那么可能没有安装正确的 Python 版本。

2.2.2 浮点数

如果在 Python 中执行语句 a = 3.0，就创建了一个浮点数（Python 数据类型：float）。这些浮点数是有理数ℚ的一个子集。

另外，常数可以用指数符号表示为 a = 30.0e-1 或简化为 a = 30.e-1。符号 e 将指数与尾数分开，表达式显示为数学形式则为 $a = 30.0 \times 10^{-1}$。浮点数指的是这些数字的内部表示，并在大范围内考虑数字时反映了小数点的浮动位置。

将基本数学运算符+、−、*和/作用于两个浮点数或一个整数与一个浮点数时，将返回一个浮点数。浮点数之间的运算很少返回像有理数运算一样精确的预期结果：

```
0.4 - 0.3   #返回 0.10000000000000003
```

在浮点数比较时，这个事实很重要：

```
0.4 - 0.3 == 0.1 #返回 False
```

1．浮点数表示法

浮点数在内部由 4 个量表示：符号、尾数、指数符号和指数。

$$\mathrm{sign}(x)(x_0 + x_1\beta^{-1} + \cdots + x_{t-1}\beta^{-(t-1)})\beta^{(e)|e|}$$

其中，$\beta \in N$，并且 $x_0 \neq 0$、$0 \leq x_i \leq \beta$。

$x_0 \dots x_{t-1}$ 称为尾数，β 为基数，e 为指数 $|e| \leq U$，t 称为尾数长度。条件 $x_0 \neq 0$ 使得其表示法是唯一的，并且在二进制（$\beta = 2$）的情况下保存一位。

这里有两个浮点数零，分别是 +0 和 -0，均以尾数 0 表示。

在一个典型的 Intel 处理器上，$\beta = 2$。要将数字用 `float` 类型表示，我们要使用 64 位，即符号为 2 位、尾数为 $t = 52$ 位、指数 $|e|$ 为 10 位。因此，指数的上限 U 为 $2^{10}-1 = 1023$。

使用该数据，最小的可表示的正数为 $fl_{\min} = 1.0 \times 2^{-1023} \approx 10^{-308}$，最大的可表示的正数为 $fl_{\max} = 1.111\dots1 \times 2^{1023} \approx 10^{308}$。

注意，浮点数不是等距分布在 $[0, fl_{\max}]$ 里的，特别是 0 的间隙（见参考文献 [29]）。0 和第一个正数之间的距离是 2^{-1023}，而第一个正数和第二个正数之间的距离被因子 $2^{-52} \approx 2.2 \times 10^{-16}$ 缩小了。这种由标准化 $x_0 \neq 0$ 造成的影响如图 2.1 所示。

这个间隙被低于正常的浮点数等距地填充，其结果由四舍五入获得。低于正常的浮点数具有最小的可能指数，并且不遵循前导数字 x_0 必须与 0 不同的约定（见参考文献 [13]）。

2．无穷与非数字

浮点数总共有 $2(\beta-1)\beta^{t-1}(2U+1)+1$ 个。有时执行一个数值算法可以得到这个范围之外的浮点数。

这将会产生数字的上溢或下溢。在 SciPy 中，将特殊浮点数 inf 赋值给溢出结果：

```
exp(1000.)  # inf
a = inf
3 - a       # -inf
3 + a       # inf
```

使用 inf 可能得不到数学意义上的结果。这在 Python 中是通过将另一个特殊的浮点数 nan 赋值给运算结果来表示的，nan 代表非数字，也就是数学运算的一个未定义结果：

```
a + a # inf
a - a # nan
a / a # nan
```

使用 nan 和 inf 执行运算时有一些特殊的规则。例如，nan 与任意数值（甚至其本身）作比较，总是返回 False：

```
x = nan
x < 0 # False
x > 0 # False
x == x # False
```

关于"nan 永远不会等于它自己"这一令人吃惊的事实和结论，请参考练习 4。

浮点数 inf 的计算结果比预期的要多得多：

```
0 < inf    # True
inf <= inf # True
inf == inf # True
-inf < inf # True
inf - inf  # nan
exp(-inf)  # 0
exp(1 / inf) # 1
```

检测浮点数 nan 和 inf 的一种方法是使用 isnan 和 isinf 函数。通常当一个变量值为 nan 或 inf 时，我们希望直接响应。这可以通过使用 NumPy 包的命令 seterr 来实现。如果某次计算的返回值是二者中的一个，则如下命令就会抛出一个错误：

```
seterr(all = 'raise')
```

3．下溢数——机器精度

如果某次运算得到一个落在 0 附近间隙的有理数，则发生下溢，如图 2.1 所示。

图 2.1　0 上的浮点间隙，在这里 $t=3$，$U=1$

机器精度或舍入单位 ε 为最大数使得浮点数 $(1.0 + \varepsilon) = 1.0$。

注意，今天大部分计算机的 $\varepsilon \approx \beta^{1-t}/2 = 1.1102 \times 10^{-16}$。在实际运行代码的计算机上，可以使用如下命令来访问有效值：

```
import sys
sys.float_info.epsilon # 2.220446049250313e-16 (类似这样)
```

变量 `sys.float_info` 包含了更多关于计算机上的浮点类型的内部信息。

函数 `float` 可以将其他数据类型转换为一个浮点数（如有可能）。在将一段适当的字符串转换为数字时，该函数特别有用：

```
a = float('1.356')
```

4．NumPy 中的其他浮点类型

NumPy 还提供了其他的浮点类型，在其他编程语言中称为双精度和单精度数，即 `float64` 和 `float32`：

```
a = pi          # 返回 3.141592653589793
a1 = float64(a) # 返回 3.1415926535897931
a2 = float32(a) # 返回 3.1415927
a - a1          # 返回 0.0
a - a2          # 返回 -8.7422780126189537e-08
```

倒数第二行表明变量 a 和 a1 的精度是相同的。在前两行中，它们只是展示的方式不同。精度的真正差异存在于变量 a 与其单精度副本 a2 之间。

NumPy 包的函数 `finfo` 可用于展示有关这些浮点类型的信息：

```
f32 = finfo(float32)
f32.precision  # 6 (十进制)
f64 = finfo(float64)
f64.precision  # 15 (十进制)
f = finfo(float)
f.precision    # 15 (十进制)
f64.max        # 1.7976931348623157e+308 (最大值)
f32.max        # 3.4028235e+38 (最大值)
help(finfo)    #查看更多选项
```

2.2.3 复数

复数在许多科学和工程领域中经常被使用，它是对实数的扩展。

1. 数学中的复数

复数由两个浮点数组成,包括其实部 a 和虚部 b。在数学中,复数写作 $z = a + bi$,通过 $i^2 = -1$ 将 i 定义为虚数单位。z 的共轭复数对应的是 $\bar{z} = a - bi$。

如果实部 a 为零,则该数称为虚数。

2. 符号 j

在 Python 中,虚数的特征在于其为后缀带有字母 j 的浮点数,例如 z = 5.2j。复数是浮点数与虚数的总和,例如 z = 3.5 + 5.2j。

在数学中,虽然虚部表示为实数 b 与虚数单位 i 的乘积,但在 Python 中,虚数的表示方式不是乘积——j 只是一个后缀,表明该数为虚数。

下面的小实验证明了这一点:

```
b = 5.2
z = bj    # 返回错误
z = b*j   # 返回错误
z = b*1j  # 正确
```

方法 conjugate 返回 z 的共轭:

```
z = 3.2 + 5.2j
z.conjugate() # 返回 (3.2-5.2j)
```

3. 实部和虚部

通过使用其属性 real 和 imag,可以访问复数 z 的实部和虚部。这些属性是只读的:

```
z = 1j
z.real      # 0.0
z.imag      # 1.0
z.imag = 2  # 返回 AttributeError: readonly attribute
```

复数是不可能被转化成实数的:

```
z = 1 + 0j
z == 1      # True
float(z)    # 返回 TypeError
```

有趣的是，`real` 和 `imag` 属性以及共轭方法同样适用于复数数组（参见第 4 章）。下面通过计算 $z_k = i2\pi k/N$，(k=0,…,N-1) 的 N 次单位根来证明这一点，即方程 $z^N = 1$ 中 N 的解。

```
N = 10
# 以下矢量含有N次方根:
unity_roots = array([exp(1j*2*pi*k/N) for k in range(N)])
# 用 real 或者 imag 访问所有的实部或虚部:
axes(aspect='equal')
plot(unity_roots.real, unity_roots.imag, 'o')
allclose(unity_roots**N, 1) # True
```

结果图（见图 2.2）展示了单位根与单位圆的统一（有关绘图方法的更多详细信息，请参阅第 6 章）。

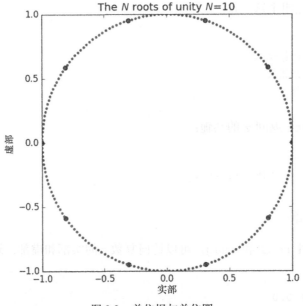

图 2.2　单位根与单位圆

当然，也可以与上面提到的方法一起使用，如下例所示：

```
z = 3.2+5.2j
(z + z.conjugate()) / 2.           # 返回 (3.2+0j)
((z + z.conjugate()) / 2.).real    # 返回 3.2
(z - z.conjugate()) / 2.           # 返回 5.2j
((z - z.conjugate()) / 2.).imag    # 返回 5.2
sqrt(z * z.conjugate())            # 返回 (6.1057350089894991+0j)
```

2.3 布尔类型

布尔类型是以乔治·布尔（George Boole，1815—1864）命名的数据类型。一个布尔类型的变量只能取两个值，即 True 或 False。这种数据类型主要用在逻辑表达式中，一些示例如下所示：

```
a = True
b = 30 > 45   #b 的值为 False
```

布尔表达式通常与 if 语句一起使用：

```
if x > 0:
    print("positive")
else:
    print("nonpositive")
```

2.3.1 布尔运算符

在 Python 中，可以使用关键字 and、or 和 not 来执行布尔运算：

```
True and False # False
False or True # True
(30 > 45) or (27 < 30) # True
not True # False
not (3 > 4) # True
```

运算需要遵循一些优先级原则（见第 1.1.5 节），这会使第三行和最后一行中的括号过期（不管怎样，使用它们来增强代码的可读性是一个好的习惯）。注意，and 运算符被隐式链接在以下布尔表达式中：

```
a < b < c     #相当于 a < b and b < c
a == b == c   #相当于 a == b and b == c
```

布尔值的转换规则见表 2.2。

表 2.2   转换为布尔值的规则

Bool	False	True
string	"	'not empty'

Bool	False	True
number	0	$\neq$
list	[]	[...](not empty)
tuple	()	(......)(not empty)
array	array([])	array([a])(a$\neq$0)
array	array([0])	
array	若数组含有一个以上的元素， 则引发异常	

2.3.2　布尔类型转换

大多数 Python 对象均可被转换为布尔类型，这被称作布尔类型转换。内置函数 bool 可执行该转化。注意大多数对象都被转换为 True（0 除外），而空元组、空列表、空字符串或空数组则被转换为 False。

数组是不可能被转换为布尔值的，除非该数组不包含或只包含一个元素。我们将在第 5 章中进一步解释这个概念。表 2.2 汇总了一些布尔类型转换的规则。如下是一些使用示例：

```
bool([])  # False
bool(0)  # False
bool(' ')  # True
bool('')  # False
bool('hello')  # True
bool(1.2)  # True
bool(array([1]))  # True
bool(array([1,2]))  # Exception raised!
```

2.3.3　布尔类型自动转换

使用 if 语句作用于一个非布尔类型的数据，可使其转换为布尔值。换句话说，以下两个语句总是等效的：

```
if a:
    ...
if bool(a):  # 与上面完全一样
    ...
```

一个典型的示例是测试列表是否为空：

```
# L 是一个列表
if L:
    print("list not empty")
else:
    print("list is empty")
```

空数组、空列表或空元组将返回 False。还可以在 if 语句中使用一个变量，例如整数：

```
# n是一个整数
if n % 2:
    print("n is odd")
else:
    print("n is even")
```

注意，在这里将%用于取模运算，将返回整数除法的余数。在该例中，将返回 0 或 1 作为对 2 执行取模运算之后的余数。

在上面的例子中，整数值 0 或 1 被转换为 bool 类型。布尔运算符 or、and 和 not 也将隐式地将它们的其中一些参数转换为布尔值。

2.3.4 and 和 or 的返回值

注意，and 和 or 运算符不一定总是生成布尔值。表达式 x and y 等价于：

```
def and_as_function(x,y):
    if not x:
        return x
    else:
        return y
```

而表达式 x or y 等价于：

```
def or_as_function(x,y):
    if x:
        return x
    else:
        return y
```

有趣的是，这意味着当执行语句 True or x 时，变量 x 甚至不必被定义，这同样适用于语句 False and x。

注意，不像其在数学逻辑中所对应的，这些运算符在 Python 中不再等价。事实上，以下表达式并不等效：

```
[1] or 'a'  # 生成 [1]
'a' or [1]  # 生成'a'
```

2.3.5　布尔值和整数

实际上，布尔值和整数是相同的。唯一的区别是整数是 0 和 1 的字符串表示，分别对应于布尔值的 False 和 True。这就允许以下结构（格式化方法见第 2.4 节相关内容）：

```
def print_ispositive(x):
    possibilities = ['nonpositive', 'positive']
    return "x is {}".format(possibilities[x>0])
```

我们要向已经熟悉了子类概念的读者说明，数据类型 bool 是数据类型 int 的子类（见第 8 章）。事实上，以下 4 次查询 isinstance（True, bool）、isinstance（False, bool）、isinstance（True, int）和 isinstance（False, int）均返回布尔值 True。（见第 3.7 节）。

即使很少使用的语句如 True + 13 在语法上也是正确的。

2.4　字符串类型

string 是应用于文本的数据类型：

```
name = 'Johan Carlsson'
child = "Åsa is Johan Carlsson's daughter"
book = """Aunt Julia
      and the Scriptwriter"""
```

字符串是由单引号或双引号括起来的。如果字符串包含多行，则必须用 3 个双引号或 3 个单引号括起来。

字符串可以使用简单的索引或者切片进行索引（有关切片的全面论述，参见第 3.6 节）：

```
book[-1]   # 返回 'r'
book[-12:] # 返回 'Scriptwriter'
```

字符串是不可改变的，也就是说，其子项不可更改，元组也享有这个只读属性。命令

book[1] ='a'返回：

    TypeError: 'str' object does not support item assignment

字符串'\n'用于插入换行符，'t'用于将水平制表符（TAB）插入到字符串中以使多行文本对齐：

    print('Temperature:\t20\tC\nPressure:\t5\tPa')

这些字符串是有关转义字符的例子。转义字符总是以反斜杠（\）开头。一个多行字符串会自动包含转义字符：

    a="""
    A multiline
    example"""
    a # 返回 '\nA multiline \nexample'

一个特殊的转义序列为" \\"，它代表文本中的反斜杠本身：

    latexfontsize="\\tiny"

通过使用原始字符串可以实现相同的效果：

    latexfs=r"\tiny" # 返回 "\tiny"
    latexfontsize == latexfs #返回 True

注意，在原始字符串中，反斜杠仍被保留在字符串中，用于转义一些特殊字符：

    r"\"\" # 返回'\\"'
    r"\\" # 返回 '\\\\'
    r"\" # 返回一个错误

用于字符串和字符串方法的运算

字符串加法运算即为字符串连接：

    last_name = 'Carlsson'
    first_name = 'Johanna'
    full_name = first_name + ' ' + last_name
                            # 返回'Johanna Carlsson'

乘法只是重复的加法：

```
game = 2 * 'Yo' # 返回'YoYo'
```

当比较字符串时，使用的是字符顺序，同一字母的排序其大写形式优先于其小写形式：

```
'Anna' > 'Arvi' # 返回 false
'ANNA' < 'anna' # 返回 true
'10B' < '11A'   # 返回 true
```

对于众多的字符串方法，这里仅提及其中最重要的方法。

- **字符串分割**：通过使用单个或多个空格作为分隔符，该方法可以从一个字符串生成列表。或者，通过指定特定的字符串作为分隔符来为其提供一个参数。

  ```
  text = 'quod erat    demonstrandum'
  text.split() # 返回['quod', 'erat', 'demonstrandum']
  table = 'Johan;Carlsson;19890327'
  table.split(';') # 返回['Johan','Carlsson','19890327']
  king = 'CarlXVIGustaf'
  king.split('XVI') # 返回['Carl','Gustaf']
  ```

- **将列表连接为字符串**：这是字符串分割的反操作。

  ```
  sep = ';'
  sep.join(['Johan','Carlsson','19890327'])
  # 返回'Johan;Carlsson;19890327'
  ```

- **字符串搜索**：此方法返回字符串所匹配的第一个索引值，即给定搜索子串的起始位置。

  ```
  birthday = '20101210'
  birthday.find('10') # 返回 2
  ```

如果没有找到搜索的字符串，则该方法的返回值为-1。

字符串格式化

字符串格式化通过使用 format 方法来实现：

```
course_code = "NUMA21"
print("This course's name is {}".format(course_code))
# This course's name is NUMA21
```

函数 format 是一个字符串方法，它会扫描字符串以便发现占位符，这些占位符是由大括号括起来的。这些占位符以指定的参数格式化方法被替换。占位符如何被替换取决于每个大括号中所定义的格式说明符。格式说明符以“:”作为其前缀来表示。

格式化方法提供了一系列可能性，使得可依据其类型来自定义对象的格式化。在科学计算中专用的是 float 类型的格式说明符。我们既可以选择标准的形式{:f}，也可以选择带指数符号的形式{:e}：

```
quantity = 33.45
print("{:f}".format(quantity)) # 33.450000
print("{:1.1f}".format(quantity)) # 33.5
print("{:.2e}".format(quantity)) # 3.35e+01
```

格式说明符允许指定舍入精度（小数点后面数字所表示的位数）。此外，可以设置格式说明符所包含的代表数字的前导空格的总数。

在此示例中，将需要插入其值的对象的名称作为格式化方法的参数。第一个大括号对被第一个参数替换，接下来的大括号对被后续的参数替换。或者使用键值对语法也会很方便。

```
print("{name} {value:.1f}".format(name="quantity",value=quantity))
# 输出 "quantity 33.5"
```

这里处理了两个值，分别打印了没有格式说明符的字符串 name 以及固定保留一位小数的浮点值。（关于字符串格式化的更多详细内容，请参考完整的参考文献[34]）。

> **字符串中的括号**
> 一个字符串可能包含一对大括号，其不应该被视为 format 方法的占位符。在这种情况下，要使用双括号：
> `r"we {} in LaTeX \begin{{equation}}".format('like')`
> 其将返回如下字符串：`'we like in LaTeX \\begin{equation}'`

2.5 小结

本章介绍了 Python 中的基本数据类型以及对应的语法元素。我们将主要使用诸如整数、浮点数和复数等数值类型。

我们需要使用布尔值来设置条件，并且通常使用字符串来传递结果和消息。

2.6　练习

练习 1　检验 $x = 2.3$ 时该函数是否为零：

$$f(x) = x^2 + 0.25x - 5$$

练习 2　根据 de Moivre 公式，以下等式成立：

$$(\cos x + i \sin x)^n = \cos nx + i \sin nx \quad n \in \mathbb{Z}, \ x \in \mathbb{R}$$

选择数字 n 和 x，并在 Python 中验证此公式。

练习 3　复数。以同样的方式验证欧拉公式：

$$e^{ix} = \cos x + i \sin x \quad x \in \mathbb{R}$$

练习 4　假设尝试检测发散序列是否收敛（这里序列是通过递归关系 $u_{n+1} = 2u_n$ 和 $u_0 = 1.0$ 来定义的）：

```
u = 1.0 #这里你必须使用浮点数!
uold = 10.
for iteration in range(2000):
    if not abs(u-uold) > 1.e-8:
        print('Convergence')
        break   #如果序列已经收敛
    uold = u
    u = 2*u
else:
    print('No convergence')
```

1. 由于该序列不收敛，因此代码应该打印出 No convergence 消息。执行代码看看会发生什么。

2. 如果将如下行：

   ```
   if not abs(u-uold) > 1.e-8
   ```

   用 if abs(u-uold) < 1.e-8 来替换，是否应该给出完全相同的结果？再次运行该代码，看看会发生什么。

3. 如果用 $u = 1$（不带小数点）来替换 $u = 1.0$ 将会发生什么？运行代码来验证你的预测。

4. 解释此段代码的非预期行为。理解所产生结果的关键在于 inf 的值为 nan，而 nan 和其他任何对象相比总是返回 False 值。

练习 5 蕴含式 $C = (A \Rightarrow B)$ 是一个布尔表达式，其被定义为：

- 如果 A 为 False 或 A 和 B 都为 True，则 C 为 True；

- 否则 C 为 False。

编写一个 Python 函数 implication(A, B)。

练习 6 该练习用于训练布尔运算符。通过使用称为半加器的逻辑器件来添加两个二进制数（位），其产生一个进位（下一个较高值的数字），以及由下表所定义的和，此外还有半加器电路图（见图 2.3）。

p	q	sum	carry
1	1	0	1
1	0	1	0
0	1	1	0
0	0	0	0

半加器运算的定义：

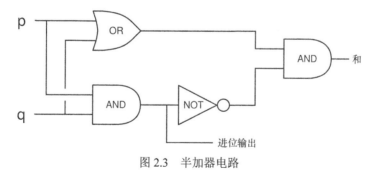

图 2.3 半加器电路

全加器由两个半加器组成，并在输入端加上两个位和一个附加进位（见图 2.4）：

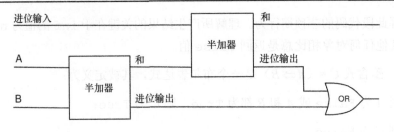

图 2.4 全加器电路

分别编写能够实现半加器和全加器的函数并测试它们。

第 3 章
容器类型

容器类型用于将对象分组汇总到一起。不同容器类型之间的最主要区别是单个元素的访问方式以及运算符定义方式的不同。

3.1 列表

顾名思义，列表是一个包含了一系列任意对象的容器：

```
L = ['a' 20.0, 5]
M = [3,['a', -3.0, 5]]
```

通过为每个元素分配一个索引，可用于遍历列表中的每个对象。列表第一个元素的索引值为 0。这种基于 0 的索引在数学符号中经常使用。考虑多项式系数的常用索引。

索引可用于访问如下对象：

```
L[1]    # 返回 20.0
L[0]    # 返回'a'
M[1]    # 返回['a',-3.0,5]
M[1][2] # 返回5
```

这里的方括号用法相当于数学公式中所使用的下标。L 是一个简单的列表，而列表 M 本身嵌套了一个列表，以至于需要两个索引来访问嵌套列表中的元素。

通过命令 range 可以很容易地生成一个包含连续整数的列表：

```
L=list(range(4))  # 生成一个包含 4 个元素的列表：[0, 1, 2 ,3]
```

更为常见的用法是为该命令提供 start、stop 和 step 参数：

```
L=list(range(17,29,4)) # 生成 [17, 21, 25]
```

命令 len 可以返回列表的长度：

```
len(L) # 返回 3
```

3.1.1 切片

对一个列表在 i 和 j 之间进行切片操作将会生成一个新的列表，该列表包含了从索引 i 开始到 j 之前结束的所有元素。

对于切片操作，必须给出索引范围。L[i:j] 意味着会截取列表 L 从 L[i] 开始到 L[j-1] 结束的所有元素。换句话说，新的列表是通过将第 i 个元素从列表 L 中删除并取接下来的 j-i 个元素所得到的（因为 j>i≥0）。更多示例如图 3.1 所示。

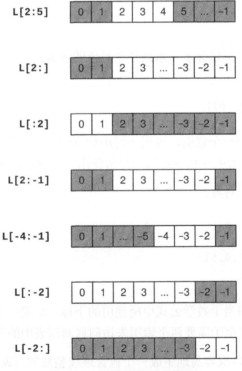

图 3.1 一些典型的切片情况

这里，L[i：]表示删除第 i 个元素，L[：i]表示只取第 i 个元素，同样，L[：-i]表

示删除最后 i 个元素，而 L[-i：] 意味着只取最后 i 个元素。组合 L[i：-j] 表示去除第 i 个和最后一个 j 元素：

```
L = ['C', 'l', 'o', 'u', 'd', 's']
L[1:5] # 删除一个元素，然后取 4 个:
# 返回 ['l', 'o', 'u', 'd']
```

我们可以省略切片操作的第一个或者最后一个边界：

```
L = ['C', 'l', 'o', 'u','d', 's']
L[1:] # ['l', 'o', 'u', 'd','s']
L[:5] # ['C', 'l', 'o','u','d']
L[:] # 整个列表
```

Python 允许使用负数索引用于从右边计数。特别需要注意的是，元素 L[-1] 是列表 L 的最后一个元素。

下面是一些列表索引的说明。

- L[i：] 相当于截取除了前 i 个元素之外的所有元素。

- L[：i] 相当于截取前 i 个元素。

- L[-i：] 相当于截取最后 i 个元素。

- L[：-i] 相当于截取除了最后 i 个元素的所有元素。

这里有一个例子：

```
L = ['C', 'l', 'o', 'u', 'd', 's']
L[-2:] # ['d', 's']
L[:-2] # ['C', 'l', 'o','u']
```

省略切片范围内的一个索引相当于实数中的半开区间。半开区间 (∞, a) 表示取所有低于 a 的数字。这与语法 L[：j] 类似。

 越界切片

注意在进行越界切片时，你永远不会得到索引错误，很可能会得到空列表。

这里有一个例子：

```
L = list(range(4)) # [0, 1, 2, 3]
L[4] # 返回 IndexError: list index out of range
L[1:100] # 相当于 L[1:]
L[-100:-1] #相当于L[:-1]
L[-100:100] # 相当于 L[:]
L[5:0] # 空列表 []
L[-2:2] # 空列表[]
```

在使用可能会变为负值的索引变量时应谨慎,因为它完全改变了切片,这可能会导致意想不到的结果:

```
a = [1,2,3]
 for iteration in range(4):
     print(sum(a[0:iteration-1]))
```

以上代码得出的结果是 3,0,1,3,而预期结果是 0,0,1,3。

3.1.2 步长

计算切片时,也可以指定步长,即从一个索引到另一个索引之间的长度。默认步长是 1。如下例所示:

```
L = list(range(100))
L[:10:2] # [0, 2, 4, 6, 8]
L[::20] # [0, 20, 40, 60, 80]
L[10:20:3] # [10, 13, 16, 19]
```

注意,步长也可能为负:

```
L[20:10:-3] # [20, 17, 14, 11]
```

也可以使用负的步长(在"原位操作"部分中能找到的反向操作方法)来创建一个反向的新列表:

```
L = [1, 2, 3]
R = L[::-1] # 列表 L 没有被修改
R # [3, 2, 1]
```

3.1.3 列表修改

有关列表的典型运算是插入和删除元素以及列表连接。使用切片符号让列表插入和删除变得简明易懂，删除只是用空列表 [ ] 来替换列表的一部分：

```
L = ['a', 1, 2, 3, 4]
L[2:3] = [] # ['a', 1, 3, 4]
L[3:] = [] # ['a', 1, 3]
```

插入意味着用要插入的切片来替换空切片：

```
L[1:1] = [1000, 2000] # ['a', 1000, 2000, 1, 3]
```

两个列表通过加法运算连接起来：

```
L = [1, -17]
M = [-23.5, 18.3, 5.0]
L + M # 输出 [1, -17, 23.5, 18.3, 5.0]
```

将一个列表与其自身连接 n 次，我们倾向于使用乘法运算符*：

```
n = 3
n * [1.,17,3] # gives [1., 17, 3, 1., 17, 3, 1., 17, 3]
[0] * 5 # 输出 [0,0,0,0,0]
```

列表中没有算术运算，如元素之间的求和或除法。对于这类运算，使用数组（见第 3.2 节）。

3.1.4 是否属于列表

可以使用关键字 in 和 not in 来确定一个元素是否属于列表，这与数学中的符号∈和∉是相似的：

```
L = ['a', 1, 'b', 2]
'a' in L # True
3 in L # False
4 not in L # True
```

3.1.5 列表方法

表 3.1 搜集了一些有关 list 类型的有用方法：

表 3.1   list 数据类型的方法

命令	作用
list.append(x)	将元素 x 添至列表的末尾
list.expand(L)	用列表 L 的元素来扩充列表
list.insert(i,x)	在索引 i 处插入元素 x
list.remove(x)	移除列表中第一个值为 x 的元素
list.count(x)	列表中元素 x 出现的次数
list.sort()	按顺序将列表中的元素进行排序
list.reverse()	按顺序反转列表中的元素
list.pop()	按顺序移除列表中的最后一个元素

列表方法有两种表现形式：

- 直接修改了列表，即原位操作；

- 产生了一个新对象。

3.1.6 原位操作

所有将结果放入一个列表的方法都是原位操作方法，例如 reverse：

```
L = [1, 2, 3]
L.reverse() # 输出列表
L is now reversed
L # [3, 2, 1]
```

注意，有人可能会将原位操作方法写成：

```
L=[3, 4, 4, 5]
newL = L.sort()
```

这在 Python 中是正确的，但是它可能导致你无意识地替换了列表 L 并且变量 newL 的值为 None，原因是 sort 为原位操作。

这里演示了一些原位操作方法：

```
L = [0, 1, 2, 3, 4]
L.append(5) # [0, 1, 2, 3, 4, 5]
L.reverse() # [5, 4, 3, 2, 1, 0]
L.sort() # [0, 1, 2, 3, 4, 5]
L.remove(0) # [1, 2, 3, 4, 5]
L.pop() # [1, 2, 3, 4]
L.pop() # [1, 2, 3]
L.extend(['a','b','c']) # [1, 2, 3, 'a', 'b', 'c']
```

L 被改变了，count 方法是生成新对象方法的一个示例：

```
L.count(2) # 返回 1
```

3.1.7 列表合并——zip

zip 是一个特别有用的列表方法。它通过把初始列表的元素配对将两个给定的列表合并为一个新的列表，其结果是一个元组列表（更多详细信息请参阅第 3.3 节）：

```
ind = [0,1,2,3,4]
color = ["red", "green", "blue", "alpha"]
list(zip(color,ind))#输出[('red', 0), ('green', 1),
                            ('blue', 2), ('alpha', 3)]
```

此示例也展示了如果两个列表长度不同所发生的情况。合并列表的长度为两个输入列表中长度较短的那个。

zip 创建了一个特殊的可迭代对象，如上例所示，该对象通过 list 函数被转换成列表。有关可迭代对象的更多详细信息，请参阅第 9.3 节。

3.1.8 列表推导

创建列表的一个便捷方法是通过使用列表推导结构，其中很可能包含条件。列表推导的语法为：

```
[<expr> for <variable> in <list>]
```

或者更常见的语法是：

```
[<expr> for <variable> in <list> if <condition>]
```

示例如下：

```
L = [2, 3, 10, 1, 5]
L2 = [x*2 for x in L] # [4, 6, 20, 2, 10]
L3 = [x*2 for x in L if 4 < x <= 10] # [20, 10]
```

列表推导结构中可能有多个 for 循环:

```
M = [[1,2,3],[4,5,6]]
flat = [M[i][j] for i in range(2) for j in range(3)]
# 返回 [1, 2, 3, 4, 5, 6]
```

这在处理数组时特别有意义。

集合符号

列表推导与集合中的数学符号密切相关。

比较: $L_2 = \{2x: x \in L\}$ 和 $L_2 = [2*x \text{ for } x \text{ in } L]$。

一个很大的区别是: 列表是有序的, 而集合不是 (更多详细信息请参阅第 3.5 节)。

3.2 数组

NumPy 包提供了数组, 数组是用于操作数学中的向量、矩阵或更高阶张量的容器结构。在本节中, 我们指出了数组和列表之间的相似之处。第 4 章和第 5 章将进一步介绍数组的相关内容。

数组通过函数 array 从列表中构建:

```
v = array([1.,2.,3.])
A = array([[1.,2.,3.],[4.,5.,6.]])
```

要访问一个向量的元素, 需要一个索引, 而矩阵的元素由两个索引来处理:

```
v[2]    #返回 3.0
A[1,2]  #返回 6.0
```

乍一看, 数组与列表类似, 但要注意, 从根本上来说它们是不同的, 这可以通过以下几点来解释。

- 使用方括号和切片, 不仅可以访问对应于列表的数组数据, 还可以用于修改数组:

```
M = array([[1.,2.],[3.,4.]])
v = array([1., 2., 3.])
v[0] # 1
v[:2] # array([1.,2.])
M[0,1] # 2
v[:2] = [10, 20] # v现在变为数组([10., 20., 3.])
```

- 通过 len 函数可以获取向量中的元素数或矩阵中的行数:

  ```
  len(v) # 3
  ```

- 数组只存储相同数值类型的元素(通常为 float 或 complex,也包括 int)。有关更多详细信息,请参阅第 4.3.1 节。

- +、*、/以及-运算符都是元素级别的。在 Python 3.5 及以上的版本中,dot 函数和中缀运算符@用于标量乘积和相应的矩阵运算。

- 与列表不同的是,数组中没有 append 方法。然而,有一种特殊的方法可用于构建数组,即通过堆叠较小尺寸的数组来构建数组(更多详细信息请参见第 4.7 节。另一个相关点是数组不像列表一样有弹性,我们不能使用切片来改变其长度。

- 向量切片是视图。也就是说,它们可能用于修改原始的数组。更多详细信息请参阅第 5.1 节。

3.3 元组

元组是一个不可改变的列表。不可改变意味着它不能被修改。元组只是逗号分隔的对象序列(不带括号的列表)。为了增强代码的可读性,通常将元组放在一对圆括号中:

```
my_tuple = 1, 2, 3      # 第一个元组
my_tuple = (1, 2, 3)  # 与上面相同
my_tuple = 1, 2, 3,    # 同上
len(my_tuple) # 3 与列表相同
my_tuple[0] = 'a' # 错误! 元组是不可变的
```

逗号表明该对象是一个元组:

```
singleton = 1, # 注意逗号
len(singleton) # 1
```

当一组值需要被集合在一起时，元组是有用的。例如，它们可用于从函数返回多个值
（见第 7.3 节）。我们可以通过拆分列表或元组来一次分配多个变量：

```
a, b = 0, 1 # a 值为 0，b 值为 1
a, b = [0, 1] # 与上面作用相同
(a, b) = 0, 1 # 同上
[a,b] = [0,1] # 同理
```

交换技巧

使用打包和拆分来交换两个变量的值：

a, b = b, a

综上所述，元组具有如下特点。

- 元组就是不带括号的不可变列表。

- 多数情况下，可使用列表来代替元组。

- 没有圆括号的写法很便捷但是不安全，在不确定的时候最好使用圆括号。

```
a, b = b, a # 交换技巧，相当于：
(a, b) = (b, a)
# 但是
1, 2 == 3, 4 # 返回 (1, False, 4)
(1, 2) == (3, 4) # 返回 False
```

3.4 字典

列表、元组和数组均为对象的有序集合。根据其在列表中的位置，可以对单个对象进
行插入、访问和处理。此外，字典是无序的键值对集合，我们可以通过键来访问字典数据。

3.4.1 创建和修改字典

例如，可以创建一个包含力学中的刚体数据的字典，如下所示：

```
truck_wheel = {'name':'wheel','mass':5.7,
               'Ix':20.0,'Iy':1.,'Iz':17.,
               'center of mass':[0.,0.,0.]}
```

通过冒号：可以表示键值对。这些键值对用逗号分隔并放在一对大括号{}中。

单个元素可以通过它们的键来访问：

```
truck_wheel['name'] # 返回 'wheel'
truck_wheel['mass'] # 返回 5.7
```

通过创建新的键，可以将新的对象添加到字典中：

```
truck_wheel['Ixy'] = 0.0
```

字典也可用于为函数提供参数（更多详细信息，请参阅第7.2节）。字典中的键可以由字符串、函数、具有不可变元素的元组以及类等任意一个来充当，键不能是列表或数组。命令 dict 可以用具有键值对的列表来生成一个字典：

```
truck_wheel = dict([('name','wheel'),('mass',5.7),('Ix',20.0),
                    ('Iy',1.), ('Iz',17.),
                    ('center of mass',[0.,0.,0.])])
```

在这种情况下，zip 函数可能会派上用场（见第3.1.7节）。

3.4.2　循环遍历字典

字典的循环遍历主要有 3 种方式。

* 通过键的方式：

```
for key in truck_wheel.keys():
    print(key) # 输出 (任意顺序) 'Ix', 'Iy', 'name',...
```

或者等同于如下：

```
for key in truck_wheel:
    print(key) # 输出 (任意顺序) 'Ix', 'Iy', 'name',...
```

* 通过值的方式：

```
for value in truck_wheel.value():
    print(value)
        # 输出 (任意顺序) 1.0, 20.0, 17.0, 'wheel', ...
```

* 通过元素——即键/值对的方式：

```
for value in truck_wheel.value():
    print(value)
        # 输出 (任意顺序) 1.0, 20.0, 17.0, 'wheel', ...
```

请参阅第 12.4 节。

3.5   集合

集合是与数学中的集合一样共享属性和运算的容器。数学集合是不同对象的集合。下面是一些数学集合表达式：

$$A=\{1,2,3,4\}, B=\{5\}, C=A\bigcup B, D=A\bigcap C, E=C\backslash A, 5 \in C$$

以及它们所对应的 Python 代码：

```
A = {1,2,3,4}
B = {5}
C = A.union(B) # 返回 set([1,2,3,4,5])
D = A.intersection(C) # 返回 set([1,2,3,4])
E = C.difference(A) # 返回 set([5])
5 in C # 返回 True
```

一个元素只能在集合中出现一次，如下是反映该定义的集合：

```
A = {1,2,3,3,3}
B = {1,2,3}
A == B # 返回 True
```

并且集合是无序的，也就是说，未定义集合中元素的顺序：

```
A = {1,2,3}
B = {1,3,2}
A == B # 返回 True
```

Python 集合能够包含所有类型的可哈希对象，即数值对象、字符串和布尔值。

还有 union 和 intersection 两种方法：

```
A={1,2,3,4}
A.union({5})
A.intersection({2,4,6}) # 返回 set([2, 4])
```

还可以使用 `issubset` 和 `issuperset` 方法来比较两个集合：

```
{2,4}.issubset({1,2,3,4,5})        # 返回 True
{1,2,3,4,5}.issuperset({2,4})      # 返回 True
```

空集

在 Python 中，一个空集不是由{}（将定义一个空字典）来定义的，而是由 empty_set = set([])
来定义的！

3.6　容器类型转换

表 3.2 总结了截至目前所出现的容器类型的最重要属性。数组的探讨将放在第 4 章讲解。

表 3.2 容器类型

数据类型	访问方式	有序性	元素可重复性	值可变性
List	index	yes	yes	yes
Tuple	index	yes	yes	no
Dictionary	key	no	yes	yes
Set	no	no	no	yes

如表 3.2 中所示，容器元素的访问方式是不同的，并且集合和字典是无序的。

由于各种容器类型的属性不同，我们经常将一种容器类型转换为另一种，见表 3.3。

表 3.3 容器类型的转换

容器类型	语法
List→Tuple	`tuple([1,2,3])`
Tuple→List	`list((1,2,3))`
List,Tuple→Set	`set([1,2,3]),set((1,2,3))`
Set→List	`list({1,2,3})`

容器类型	语法
Dictionary→List	`{'a':4}.values()`
List→Dictionary	—

3.7　类型检查

查看一个变量类型的最直接方式是使用 `type` 命令：

```
label = 'local error'
type(label) # 返回 str
x = [1, 2] # list
type(x) # 返回 list
```

但是，如果想检测一个变量是否为某种确定的类型，则应该使用 `isinstance` 方法（而不是用 `type` 命令进行类型比较）：

```
isinstance(x, list) # True
```

阅读完第 8 章，特别是知道了第 8.3 节中子类和继承的概念后，使用 `isinstance` 的原因就变得显而易见了。简而言之，不同的数据类型通常与一些基本类型共享一些属性。最典型的例子就是 `bool` 类型，它是从更为通用的 `int` 类型派生而来的。在这种情况下，我们看看如何以更一般的方式来使用命令 `isinstance`：

```
test = True
isinstance(test, bool) # True
isinstance(test, int) # True
type(test) == int # False
type(test) == bool # True
```

因此，为了确保变量 test 正好是一个整数（与特定类型不相关），应该检查它是否为一个 integer 类型的实例：

```
if isinstance(test, int):
    print("The variable is an integer")
```

类型检查

Python 不是一种预定义数据类型的语言，这意味着对象是由其能做什么而不是其是什么来定义的。例如，通过使用 len 方法，你拥有了一个可以作用于某个对象的字符串操作函数,那么你的函数可能对实现该方法的任何对象都有用。

到目前为止，读者应了解了各种不同的数据类型：`float`、`int`、`bool`、`complex`、`list`、`tuple`、`module`、`function`、`str`、`dict` 和 `array`。

3.8　小结

在本章中，读者学习了容器类型（主要是列表）的使用方法。学会如何填充容器类型以及如何访问它们的内容是至关重要的，我们知道的访问方式是通过位置或键。

在第 4 章中，我们会再次碰到"切片"这个重要的概念，这些都是为数学运算所设计的容器。

3.9　练习

练习 1　执行下列语句：

```
L = [1, 2]
L3 = 3*L
```

1. L3 的内容是什么？

2. 尝试预测以下命令的结果：

```
L3[0]
L3[-1]
L3[10]
```

3. 如下的命令在做什么？

```
L4 = [k**2 for k in L3]
```

4. 将 L3 和 L4 连接为一个新的列表 L5。

练习 2　使用 range 命令和列表推导生成一个 0~1 且有 100 个等间距值的列表。

练习 3　假设将以下信号存储在列表中：

```
L = [0,1,2,1,0,-1,-2,-1,0]
```

如下运算的结果是什么？

```
L[0]
L[-1]
L[:-1]
L + L[1:-1] + L
L[2:2] = [-3]
L[3:4] = []
L[2:5] = [-5]
```

仅通过观察来完成这个练习，不要使用 Python 中的 Shell 命令。

练习 4　思考如下 Python 语句：

```
L = [n-m/2 for n in range(m)]
ans = 1 + L[0] + L[-1]
```

假设变量 m 之前已经被预先分配了一个整数值，那么 ans 的值是多少？请在不执行 Python 语句的情况下回答这个问题。

练习 5　思考如下递归公式：

$$u_{n+3} = u_{n+2} + ha\left(\frac{23}{12}u_{n+2} - \frac{4}{3}u_{n+1} + \frac{5}{12}u_n\right)$$

其中 $n = 0, \cdots, 1000$、$h = 1/1000$、$a = -0.5$。

1. 创建一个列表 u，存入该列表的前 3 个元素 e^0、e^{ha} 和 e^{2ha}，这些表示给定公式中 u_0、u_1 和 u_2 的起始值。通过递归公式来建立完整的列表。

2. 创建第二个列表 td，在该类表中存入 nh 值（其中 $n = 0, \cdots, 1000$）。绘制 td 和 u （更多详细信息，请参阅第 6.1 节）。在绘制差分的地方做第二个绘图，即 $|e^{at_n} - u_n|$，其中 t_n 代表在向量 td 中的值。设置轴标签和标题。

递归是一个多步法公式，用于通过初始值 $u(0) = u_0 = 1$ 来求解微分方程 $u' = au$。u_n 约等于 $u(nh)=e^{anh}u_0$。

练习 6　假设 A 和 B 均为集合，集合 $(A \setminus B) \cup (B \setminus A)$ 被称为两个集合的对称差分。编写用于执行该操作的函数。将得到的结果与如下命令执行的结果进行比较：

```
A.symmetric_difference(B).
```

练习 7　在 Python 中验证以下语句：空集是任何集合的子集。

练习 8　学习集合的其他方法，通过使用 IPython 的命令完成特性，你可以找到这些方法的一个完整列表。特别要学习 update 和 intersection_update 方法。请问 Intersection 和 intersection_update 之间有什么不同？

第4章
线性代数——数组

线性代数是计算数学最重要的组成部分之一。线性代数的研究对象是向量和矩阵。NumPy 包含有所有用来处理这些对象的必备工具。

首要任务是构建矩阵和向量，或者通过切片来更改它们。另一个主要任务是 dot 运算，它包括了大多数线性代数运算（标量积、矩阵—向量乘积和矩阵—矩阵乘积）。总之，处理线性代数问题的方法有多种。

4.1 数组类型概要

简而言之，这部分介绍了如何在 nutshell 中使用数组。注意，数组的行为一开始可能会让人觉得匪夷所思，因此我们建议读者在阅读完简介部分后不要停下来。

4.1.1 向量和矩阵

创建向量就像使用函数 array 将列表转换为数组一样简单：

```
v = array([1.,2.,3.])
```

对象 v 现在是一个向量，其行为很像线性代数中的向量。前面强调过 Python 列表对象之间的差异（见第 3.2 节）。以下是一些在向量上执行的基本线性代数运算的例子：

```
# 两个由 3 个元素组成的向量
v1 = array([1., 2., 3.])
v2 = array([2, 0, 1.])

# 标量乘法/除法
```

```
2*v1 # array([2., 4., 6.])
v1/2 # array([0.5, 1., 1.5])

# 线性组合
3*v1 # array([ 3., 6., 9.])
3*v1 + 2*v2 # array([ 7., 6., 11.])

# 范数
from scipy.linalg import norm
norm(v1) # 3.7416573867739413
# 标量积
dot(v1, v2) # 5.
v1 @ v2 # 5 ; 另一种表述
```

注意，所有的基本算术运算都是在元素间进行的：

```
# 元素间运算:
v1 * v2 # array([2., 0., 3.])
v2 / v1 # array([2.,0.,.333333])
v1 - v2 # array([-1., 2., 2.])
v1 + v2 # array([ 3., 2., 4.])
```

一些函数对于数组也是作用于元素上的：

```
cos(v1) # 余弦，基于元素: : array([ 0.5403,
                        -0.4161, -0.9899])
```

该主题将在第 4.5 节中介绍。

矩阵是用类似于创建向量的方式创建的，而不是通过一系列的列表来创建的：

```
M = array([[1.,2],[0.,1]])
```

 向量既没有列矩阵，也没有行矩阵
向量 n、矩阵 $n \times 1$ 和 $1 \times n$ 即使包含相同的数据，也是 3 个不同的对象。

要创建一个与向量 v =array（[1., 2., 1.]）包含相同数据的行矩阵，需要这样操作：

```
R = array([[1.,2.,1.]]) # 注意双方括号
```

```
                              # 这是一个矩阵
shape(R)                      # (1,3)：这是一个行矩阵
```

通过使用 reshape 方法，我们可以获得对应的列矩阵：

```
C = array([1., 2., 1.]).reshape(3, 1)
shape(C)  # (3,1)：这是一个列矩阵
```

4.1.2 索引和切片

索引和切片与列表的索引和切片类似。两者主要的区别是当数组是一个矩阵时，可能会有多个索引或切片。我们将在 5.3 节深入讨论该主题。这里仅给出一些索引和切片的实例：

```
v = array([1., 2., 3])
M = array([[1., 2],[3., 4]])

v[0] # 作为列表工作
v[1:] # array([2., 3.])

M[0, 0] # 1.
M[1:] # 返回矩阵 array([[3., 4]])
M[1] # 返回向量 array([3., 4.])

# 访问
v[0] # 1.
v[0] = 10

# 切片
v[:2] # array([10., 2.])
v[:2] = [0, 1] # 现在 v == array([0., 1., 3.])
v[:2] = [1, 2, 3] # 错误
```

4.1.3 线性代数运算

Python 中的 dot 函数是执行大多数常见线性代数运算的基本运算符，它可以用于矩阵—向量乘法：

```
dot(M, v) # 矩阵向量乘法；返回一个向量
M @ v # 另一种表述
```

它可以用来计算两个向量之间的标量乘积：

```
dot(v, w) # 标量积；结果是一个标量
v @ w # 另一种表述
```

还能用来计算矩阵—矩阵乘积：

```
dot(M, N) # 结果是一个矩阵
M @ N # 另一种表述
```

求解线性方程组

如果 A 是一个矩阵而 b 是一个向量，就可以求解线性方程：

$$Ax = b$$

可以使用 solve 方法，语法如下：

```
from scipy.linalg import solve
x = solve(A, b)
```

比如，想要求解以下方程组：

$$\begin{cases} x_1 + 2x_2 = 1 \\ 3x_1 + 4x_2 = 4 \end{cases}$$

对以上方程求解的代码如下：

```
from scipy.linalg import solve
A = array([[1., 2.], [3., 4.]])
b = array([1., 4.])
x = solve(A, b)
allclose(dot(A, x), b) # True
allclose(A @ x, b) # 另一种表述
```

这里命令 allclose 用于比较两个向量。如果它们彼此足够接近，那么该命令将返回 True。公差值的设定是可选的。如果想要了解更多有关求解线性方程组的方法，请参阅第 4.9 节。

4.2 数学基础

为了理解 NumPy 中数组的工作原理，了解通过索引来访问张量（矩阵和向量）元素和

通过提供参数来评估数学函数之间的数学并行性是非常有用的。我们还在这一部分介绍了点乘积（作为约分运算符）的概要。

4.2.1   作为函数的数组

可以从多个不同的角度来考虑数组。我们认为最富有成效的理解数组的办法是通过拥有多个变量的函数。

例如，我们可以认为在 $\mathbb{R}^n$ 中选择给定向量的分量用的是一个从集合 $\mathbb{N}_n$ 到 $\mathbb{R}$ 的函数，在该函数中我们定义了如下集合：

$$\mathbb{N}_n := \{0,1,...,n-1\}$$

这里集合 $\mathbb{N}_n$ 有 n 个元素，Python 函数 range 生成了 $\mathbb{N}_n$。

此外，选择给定矩阵的元素用的是一个拥有两个参数的函数，该函数从 $\mathbb{R}$ 中取值。因此可以认为从 $m \times n$ 矩阵中选择一个特定的元素用的是一个从 $\mathbb{N}_m \times \mathbb{N}_n$ 到 $\mathbb{R}$ 的函数。

4.2.2   基于元素的运算

NumPy 数组实质上被称作数学函数，这对于运算来说尤其重要。考虑相同定义域上并取实数值的两个函数 f 和 g，它们的乘积 fg 被称为逐点乘积，即

$$(fg)(x) := f(x)g(x)$$

注意，这种结构对于两个函数间的任何运算都是适用的。对于定义在两个标量上的任意运算（这里用*符号来表示各种运算符），我们可以将 $f*g$ 定义如下：

$$(f*g)(x) := f(x)*g(x)$$

这个有用的结论使我们明白了 NumPy 对于各种运算所持的立场。数组中的所有运算都是基于元素进行的。例如，两个矩阵 m 和 n 之间的乘积用函数定义如下：

$$(mn)_{ij} := m_{ij}n_{ij}$$

4.2.3   形状和维数

如下概念之间有明确的区别。

- **标量**：没有参数的函数。
- **向量**：拥有一个参数的函数。

- **矩阵**：拥有两个参数的函数。

- **高阶张量**：拥有两个以上参数的函数。

在下文中，维数是一个函数的参数数量，形状本质上对应于函数的定义域。

例如，长度为 n 的向量是一个从集合 $\mathbb{N}_n$ 到 $\mathbb{R}$ 的函数，因此其定义域是 $\mathbb{N}_n$。该向量的形状被定义为单体（n,）。类似地，长度为 $m \times n$ 的矩阵是在 $\mathbb{N}_m \times \mathbb{N}_m$ 上定义的函数，不过对应的形状为数对（m, n）。通过函数 numpy.shape 以及 numpy.ndim 的维数可以获得数组的形状。

4.2.4 点运算

尽管数组非常强大，但将其视作函数就完全忽略了我们所熟悉的线性代数结构，即矩阵-向量和矩阵-矩阵运算。幸运的是，这些线性代数运算都能以类似的统一格式书写如下：

向量-向量运算：

$$s = \sum_i x_i y_i$$

矩阵-向量运算：

$$y_i = \sum_j A_{ij} x_j$$

矩阵-矩阵运算：

$$C_{ij} = \sum_k A_{ik} B_{kj}$$

向量-矩阵运算：

$$y_j = \sum_i x_i A_{ij}$$

约分是基本的数学概念，一个矩阵-向量运算的约分形式如下：

$$\sum_j A_{ij} x_j$$

通常来说，两个维数为 m 和 n 的张量 T 和 U 之间的约分运算可以定义如下：

$$(\boldsymbol{T} \cdot \boldsymbol{U})_{i_1,\cdots,i_{m-1},j_2,\cdots,j_n} := \sum_k \boldsymbol{T}_{i_1,\cdots,i_{m-1},k} \boldsymbol{U}_{k,j_2,\cdots,j_n}$$

显然，张量的形状必须与该运算兼容才有意义，这个必要条件对于矩阵—矩阵乘法来说是很常见的。矩阵 $\boldsymbol{M}$ 和 $\boldsymbol{N}$ 的乘法 $\boldsymbol{MN}$ 只有在 $\boldsymbol{M}$ 的列数等于 $\boldsymbol{N}$ 的行数时才有意义。

约分运算的另一个结果是它生成了一个具有 $m+n-2$ 个维度的新张量。在表 4.1 中，我们收集了一般场景下有关矩阵和向量约分运算的输出。

表 4.1　　　　　　　　一般场景下有关矩阵和向量约分运算的输出

T_1=tensor(ndim)	T_2=tensor(ndim)	$(T_1\ T_2)$(ndim)
matrix(2)	vector(1)	vector(1)
matrix(2)	matrix(2)	matrix(2)
vector(1)	vector(1)	scalar(0)
vector(1)	matrix(2)	vector(1)

在 Python 中，所有的约分运算均可以使用 dot 函数来执行：

```
angle = pi/3
M = array([[cos(angle), -sin(angle)],
           [sin(angle), cos(angle)]])
v = array([1., 0.])
y = dot(M, v)
```

在数学课本及现代版本的 Python（3.5 及以上版本）中，点乘积有时优先写成运算符格式即 dot(M, v)，或者通过使用更简便的中缀符号 M @ v 来写。后续章节坚持用运算符格式，如果读者更喜欢使用其他的格式，也可以自己来修改这些示例。

基于元素的矩阵乘法

乘法运算符*始终是作用于元素上的，其与点运算无关。即使 A 是矩阵，v 是向量，$A*v$ 仍然是合法运算。通过使用 dot 函数，我们就可以执行矩阵—向量乘法运算。更多详细信息请参阅第 5.5 节。

4.3 数组类型

NumPy 中用于操纵向量、矩阵以及更多用于张量的对象称为数组。在本节中，我们将讨论数组的基本属性，以及如何创建和访问信息。

4.3.1 数组属性

数组本质上具有 3 个属性，见表 4.2。

表 4.2　　　　　　　　　　　　　　　　　　数组的属性

名称	说明
shape	它描述了如何将数据解释为向量、矩阵或高阶张量，并给出了相应的维度。可以使用 shape 属性访问它
dtype	它给出了底层数据的类型（浮点数、复数、整数等）
strides	此属性指定了应读取数据的顺序。例如，矩阵可以逐列（FORTRAN 语言约定）或逐行（C 语言约定）存储。属性是一个元组，其必须在内存中跳过一定的字节数才能到达下一行或下一列。strides 属性甚至允许对内存中的数据进行更灵活的解释，这使得数组视图成为可能

思考以下数组：

```
A = array([[1, 2, 3], [3, 4, 6]])
A.shape   # (2, 3)
A.dtype   # dtype('int64')
A.strides # (24, 8)
```

该数组的元素类型为'int64'，也就是说，它们占用了 64 位或者 8 字节大小的内存。完整的数组以行的方式存储在内存中。从 A [0,0]到下一行 A [1,0]中的第一个元素的距离占用了 24 字节的内存（3 个矩阵元素）。相应地，A [0,0]和 A [0,1]之间占用了 8 字节的内存（一个矩阵元素）。这些值均存储在属性 strides 中。

4.3.2 用列表创建数组

函数 array 是创建数组的常用语法。创建一个实数向量的语法如下：

```
V = array([1., 2., 1.], dtype=float)
```

要创建一个与上面的数组具有相同数据的复数向量，如下所示：

```
V = array([1., 2., 1.], dtype=complex)
```

若没有指定类型，则需要推测类型。array 函数会选择能够存储所有指定值的数据类型：

```
V = array([1, 2]) # [1, 2] 为整型列表
V.dtype # int
V = array([1., 2]) # [1., 2] 混合 浮点型/整型
V.dtype # float
V = array([1. + 0j, 2.]) # 混合 浮点型/复数
V.dtype # 复数
```

1. 默认类型转换

NumPy 默认将浮点数转换为整数，这可能会产生意想不到的结果：

```
a = array([1, 2, 3])
a[0] = 0.5
a # 现在变为：array([0, 2, 3])
```

同样，复数到浮点数的数组类型转换也会产生意想不到的结果。

2. 数组和 Python 圆括号

正如我们在第 1.2 节中所提到的那样，当一些左大括号或圆括号未关闭时，Python 允许使用一个换行符。这为数组创建提供了便捷的语法。该语法使得数组的创建更为友好。

```
# 二维恒等矩阵
Id = array([[1., 0.], [0., 1.]])
# Python 允许这样：
Id = array([[1., 0.],
           [0., 1.]])
# 可读性更好
```

4.4 访问数组项

可以通过索引来访问数组项。与向量系数不同，我们需要两个索引来访问矩阵系数。这些索引都在一对方括号中给出，这样就能将数组语法与一系列列表语法（需要两对方括号来访问元素）区分开来。

```
M = array([[1., 2.],[3., 4.]])
M[0, 0] # 第一行，第一列：1.
M[-1, 0] # 最后一行，第一列：3.
```

4.4.1 基本数组切片

数组切片与列表切片类似，但其可能存在多个维度。

- `M[i, ...]`是由 M 的 i 行所填充的向量。

- `M[:, j]`是由 M 的 j 列所填充的向量。

- `M[2：4, ...]`是仅在行上的 2：4 的切片。

- `M[2：4,1：4]`是行和列的切片。

矩阵切片的结果如图 4.1 所示。

删除维度

如果删除了一个索引或切片，NumPy 会假定你只取行。M [3]是 M 的第三行视图的向量，M [1：3]是 M 的第二行和第三行的视图的矩阵。

改变切片的元素会影响整个数组：

```
v = array([1., 2., 3.])
v1 = v[:2] # v1 为 array([1., 2.])
v1[0] = 0. # 如果改变了 v1 ...
v # ... v 也会改变：array([0., 2., 3.])
```

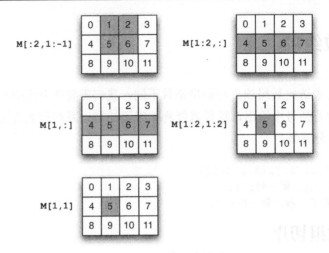

图 4.1 矩阵切片结果

表 4.3 列出了一般的切片规则。

表 4.3 一般的切片规则

访问方式	维数	类型
index,index	0	scalar
slice,index	1	vector
index,slice	1	vector
slice,slice	2	matrix

形状为（4，4）的数组 M 的切片运算结果见表 4.4。

表 4.4 形状为（4，4）的数组 M 的切片运算结果

访问方式	形状	维数	类型
M[:2,1:-1]	(2,2)	2	matrix
M[1,:]	(4,)	1	vector
M[1,1]	()	0	scalar
M[1:2,:]	(1,4)	2	matrix
M[1:2,1:2]	(1,1)	2	matrix

4.4.2 使用切片修改数组

可以通过使用切片或直接访问来修改数组。下面仅更改了5×3矩阵M中的一个元素：

```
M[1, 3] = 2.0 # 标量
```

但也可以修改矩阵的一整行：

```
M[2, :] = [1., 2., 3.] # 向量
```

也可以替换整个子矩阵：

```
M[1:3, :] = array([[1., 2., 3.],[-1.,-2., -3.]])
```

> 列矩阵和向量不同。以下使用列矩阵的赋值不会返回
> 错误：
> M[1:4, 2:3] = array([[1.],[0.],[-1.0]])
> 而以下使用向量的赋值将返回一个Value Error：
> M[1:4, 2:3] = array([1., 0., -1.0]) # error

通用的切片规则见表4.2。上述示例中的矩阵和向量必须具有合适的大小以适应于矩阵M。你还可以使用广播规则来确定替换数组所允许的大小（有关广播的更多详细信息请参阅第5.5节）。如果替换数组没有合适的大小形状，则会引发ValueError异常。

4.5 数组构造函数

我们一般通过列表来构建数组，但还有一些便捷的方法可用来生成特殊的数组，见表4.5。

表4.5 用于构造数组的命令

方法	形状	生成结果
zeros((n,m))	(n,m)	由 zeros 填充的矩阵
ones(n,m)	(n,m)	由 ones 填充的矩阵
diag(v,k)	(n,n)	来自向量 v 的对角矩阵(Sub-,super-)
random.rand(n,m)	(n,m)	由在(0,1)中平均分布的随机数填充的矩阵

方法	形状	生成结果
arange(n)	(n,)	前 n 个整数
linspace(a,b,n)	(n,)	由平均分布在 **a** 和 **b** 之间的 n 个点所组成的向量

这些命令可以采用额外的参数。特别是命令 zeros、ones 和 arange 采用 dtype 作为可选参数。除 arange 之外，默认类型均为 float。还有诸如 zeros_like 和 ones_like 的方法，它们是上述命令的一些变体，例如，zeros_like（A）方法相当于 zeros（shape（A））。

如下是函数 identity，它构造了一个指定大小的单位矩阵：

```
I = identity(3)
```

该命令等同于：

```
I = array([[ 1., 0., 0.],
           [ 0., 1., 0.],
           [ 0., 0., 1.]])
```

4.6　访问和修改形状

向量和矩阵的区别在于维数，不同大小的向量或矩阵的主要区别在于形状。在本节中，我们将研究如何获取和修改数组的形状。

4.6.1　shape 函数

矩阵的形状是其维度的元组。$n \times m$ 矩阵的形状是元组（n，m），该元组可以通过 shape 函数获得：

```
M = identity(3)
shape(M) # (3, 3)
```

对于一个向量来说，其形状是包含该向量长度的单元素元组：

```
v = array([1., 2., 1., 4.])
shape(v) # (4,) <- singleton (1-tuple)
```

另一种方法是使用数组属性 shape，它可以得到相同的结果：

```
M = array([[1.,2.]])
shape(M) # (1,2)
M.shape # (1,2)
```

但是将 shape 用作函数的优点是可以在标量和列表上使用该函数。当代码需要同时使用标量和数组时，该函数可能会派上用场：

```
shape(1.) # ()
shape([1,2]) # (2,)
shape([[1,2]]) # (1,2)
```

4.6.2　维数

使用函数 numpy.ndim 或数组属性 ndarray.ndim 可以获取数组的维数：

```
ndim(A) # 2
A.ndim # 2
```

注意，张量 **T**（向量、矩阵或更高阶张量）的函数 ndim 给出的维数总是等于其形状的长度：

```
T = zeros((2,2,3)) # 张量的形状 (2,2,3)；三维
ndim(T) # 3
len(shape(T)) # 3
```

4.6.3　重塑

reshape 函数在不复制数据的情况下给出了一个数组的新视图，它有一个新形状：

```
v = array([0,1,2,3,4,5])
M = v.reshape(2,3)
shape(M) # 返回(2,3)
M[0,0] = 10 # 现在v[0]为10
```

重塑而不复制

重塑不是创建一个新数组，而是给出了现有数组的一个新视图。在前面的例子中，更改 M 的一个元素导致 v 中相应的元素也会自动地发生改变。当这种行为不被接受时，你就需要复制数据。

reshape 方法作用于由 arrange（6）所定义的数组上的不同结果如图 4.2 所示。

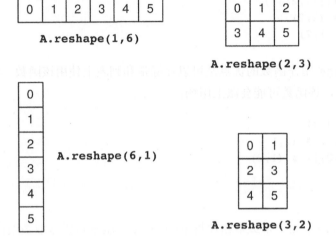

图 4.2 reshape 方法作用于由 arrange（6）所定义的数组上的不同结果

如果要尝试重塑不与初始形状值相乘的形状的数组，则会引发错误：

```
ValueError: total size of new array must be unchanged.
```

有时候仅指定一个形状参数也很方便，并让 Python 以与原始形状相乘的方式来确定另一个形状参数。这可以通过设置自由形状参数-1 来实现：

```
v = array([1, 2, 3, 4, 5, 6, 7, 8])
M = v.reshape(2, -1)
shape(M) # 返回(2, 4)
M = v.reshape(-1, 2)
shape(M) # 返回(4,2 )
M = v.reshape(3,- 1) # 返回错误
```

转置

转置是一种特殊格式的重塑，它仅切换了矩阵的两个形状元素。矩阵 A 的转置矩阵是如下的矩阵 B：

$$B_{ij} = A_{ji}$$

这可以通过如下方式来实现：

```
A = ...
shape(A) # 3,4
```

```
B = A.T  # 转置
shape(B)  # 4,3
```

转置而不复制

转置与重塑非常类似,尤其是它不复制数据,而只是
返回一个相同数组的视图。

```
A= array([[ 1., 2.],[ 3., 4.]])
B=A.T
A[1,1]=5.
B[1,1] # 5
```

由于向量是一维的张量,也就是一个变量的函数,因此转置向量是没有意义的。然而,
NumPy 将遵循返回一个完全相同的对象:

```
v = array([1., 2., 3.])
v.T   #完全相同的向量
```

转置一个向量时,所能想到的可能是创建一个行数组或列数组。这是通过使用 reshape
函数来实现的:

```
v.reshape(-1, 1)  # 包含 v 的列矩阵
v.reshape(1, -1)  # 包含 v 的行矩阵
```

4.7 叠加

用一对相匹配的子矩阵来构建矩阵的通用方法是 concatenate,其语法是:

```
concatenate((a1, a2, ...), axis = 0)
```

当参数 axis = 0 时,此命令将垂直叠加子矩阵(在彼此的顶部)。而参数 axis = 1
时,子矩阵将水平叠加,这也适用于具有更多维度的数组。该函数可以通过以下的便捷函
数来调用。

- hstack:用于水平叠加矩阵。

- vstack:用于垂直叠加矩阵。

- columnstack:用于在列中叠加向量。

叠加向量

可以使用 vstack 函数和 column_stack 函数来逐行或逐列叠加向量，如下所示：

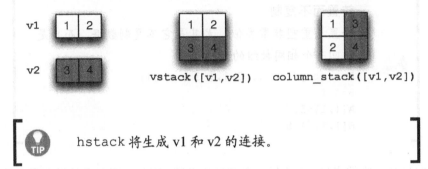

> hstack 将生成 v1 和 v2 的连接。

将偶排列作为向量堆叠的一个例子来考虑：假设有一个长度为 $2n$ 的向量，要对具有偶数个分量的向量执行偶排列，也就是说，将符号变化的向量的前半部分和后半部分进行交换：

$$(x_1, x_2, \cdots, x_n, x_{n+1}, \cdots, x_{2n}) \mapsto (x_{n+1}, \cdots, x_{2n}, -x_1, \cdots, -x_n)$$

该运算在 Python 中的实现如下：

```
# v 应该有一个均匀的长度
def symp(v):
    n = len(v) // 2 # 使用了整数除法
    return hstack([v[-n:], -v[:n]])
```

4.8 作用于数组的函数

有许多不同类型的函数可作用于数组。有些函数是基于元素的，它们返回一个与原数组具有相同形状的数组，被称为通用函数。其他数组函数则返回一个具有不同形状的数组。

4.8.1 通用函数

通用函数是作用于数组元素的函数，因此它们具有与输入数组形状相同的输出数组。这些函数能让我们一次性计算出整个数组中的标量函数的结果。

1．内置通用函数

一个典型的示例是 cos 函数（由 NumPy 提供）：

```
cos(pi) # -1
cos(array([[0, pi/2, pi]])) # array([[1, 0, -1]])
```

注意，通用函数以单元素方式作用于数组。乘法或指数等运算符也是如此：

```
2 * array([2, 4]) # array([4, 8])
array([1, 2]) * array([1, 8]) # array([1, 16])
array([1, 2])**2 # array([1, 4])
2**array([1, 2]) # array([1, 4])
array([1, 2])**array([1, 2]) # array([1, 4])
```

2. 创建通用函数

如果在函数中仅使用通用函数，那么它将自动成为通用函数。但是，如果函数使用了不通用的函数，那么在尝试将它们应用于数组时，可能会得到标量结果，甚至发生错误：

```
def const(x):
    return 1
const(array([0, 2])) # 返回 1 而不是 array([1, 1])
```

另一个示例如下：

```
def heaviside(x):
    if x >= 0:
        return 1.
    else:
        return 0.

heaviside(array([-1, 2])) # 错误
```

可预见的行为是作用于向量 $[a, b]$ 的 heaviside 函数将返回 $[heaviside(a),$ heaviside$(b)]$。但这样也没用，因为不论输入的参数的大小，该函数总是返回一个标量。此外，使用数组作为输入的函数会引发异常。NumPy 包的函数 vectorize 使我们能够快速解决这个问题：

```
vheaviside = vectorize(heaviside)
vheaviside(array([-1, 2])) # 预期结果 array([0, 1])
```

该方法的典型应用是其在绘图函数中的使用：

```
xvals = linspace(-1, 1, 100)
```

```
plot(xvals, vectorize(heaviside)(xvals))
axis([-1.5, 1.5, -0.5, 1.5])
```

heaviside 函数如下所示：

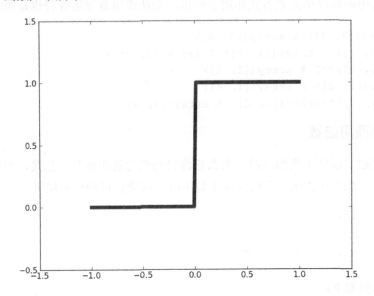

vectorize 函数不会提升性能，它仅为函数转换提供了一种方便快捷的方法，使其能够作用于列表和数组上的元素。

4.8.2 数组函数

有许多作用于数组（而不是作用于元素）的函数，例如 max、min 和 sum，这些函数能以行或列的方式作用于整个矩阵。当没有提供任何参数时，它们将作用于整个矩阵。假设 *A* 是如下矩阵：

1	2	3	4
5	6	7	8

作用在该矩阵上的 sum 函数返回了一个标量：

```
sum(A)  # 36
```

该命令有一个可选参数 axis，该参数能让我们选择沿着哪个轴来执行运算。例如，如果 axis 为 0，则表示应该沿着第一个轴来计算总和。沿着形状为（*m*，*n*）数组的轴 0 所计算的总和是一个长度为 *n* 的向量。

假设沿着轴 0 来计算矩阵 *A* 的总和：

```
sum(A, axis=0) # array([ 6, 8, 10, 12])
```

这相当于计算列上的总和：

| 1 | 2 | 3 | 4 |
| 5 | 6 | 7 | 8 |

其结果是一个向量：

| 6 | 8 | 10 | 12 |

假设沿着轴 1 来计算矩阵 *A* 的总和：

```
A.sum(axis=1) # array([10, 26])
```

这相当于计算行上的总和：

| 1 | 2 | 3 | 4 |
| 5 | 6 | 7 | 8 |

其结果是一个向量：

| 10 | 26 |

4.9 SciPy 中的线性代数方法

SciPy 在 `scipy.linalg` 模块中提供了大量的数值线性代数方法，其中许多方法都是封装自 LAPACK 库的 Python 程序。LAPACK 库是一个良好的可用于求解线性方程组和特征值问题的 FORTRAN 子程序集合。线性代数方法是科学计算中所有方法的核心，并且 SciPy 使用包装程序（wrappers）而不是纯 Python 代码，使得这些核心方法运算非常快。下面详细介绍如何通过 SciPy 来解决两个线性代数问题，从而让你对本模块有个大概的了解。

4.9.1   使用 LU 来求解多个线性方程组

令 A 为 $n \times n$ 矩阵，$b_1, b_2, ..., b_k$ 为 n 向量序列。我们来考虑如何找到 n 个向量 x_i 使得：

$$Ax_i = b_i$$

同时假设向量 b_i 未知，尤其是在 b_{i+1} 可用之前必须解决第 i 个问题是一个很常见的情况。

LU 分解是一种用如下方式来组织的经典高斯消元法，其计算分两步实现。

*   执行矩阵 A 的分解步骤，从而获得一个三角形矩阵。

*   执行作用于 b_i 的相对廉价的后向和前向消元步骤，并能从更耗时的因式分解步骤中受益。

该方法还使用了以下事实：如果 P 是一个序列矩阵，那就使得 PA 是行序列改变的初始矩阵。

如下两个方程组 $Ax = b$ 和 $PAx = Pb$ 的解法相同。

LU 分解找到一个序列矩阵 P、一个下三角矩阵 L 和一个上三角矩阵 U，使得 $PA = LU$ 或 $A = PLU$ 。

这样的分解总是存在的，与此同时，还可以用 $L_{ii} = 1$ 的方法来确定 L。因此，必须存储的来自 L 的基本数据是 $L_{ij}(i > j)$。L 和 U 可以一起存储在 $n \times n$ 数组中，而存储序列矩阵 P 的信息只需要一个 n 整数向量即轴向量来完成。

在 SciPy 中，有两种计算 LU 分解的方法，其中标准的方法是 scipy.linalg.lu，该方法将返回 3 个矩阵 L、U 和 P。另一种方法是 lu_factor，我们在这里说明这个方法是因为它在稍后与 lu_solve 方法结合起来使用的话会很方便：

```
import scipy.linalg as sl
[LU,piv] = sl.lu_factor(A)
```

A 矩阵在这里被分解，并且返回具有关于 L 和 U 的信息的数组以及轴向量。利用该信息，我们可以根据存储在轴向量中的信息来执行向量 b_i 的行交换，并使用 U 进行后向替换，最后使用 L 进行前向替换来求解该方程组。这在 Python 中是以方法 lu_solve 捆绑的。以下代码片段展示了一旦执行 LU 分解并将其结果存储在元组（LU, piv）中的情况下，方程组 $Ax_i = b_i$ 的求解方法：

```
import scipy.linalg as sl
xi = sl.lu_solve((LU, piv), bi)
```

4.9.2　使用 SVD 来解决最小二乘问题

线性方程组 $Ax = b$（其中 A 为 $m×n$ 矩阵且 $m>n$）被称为超定线性方程。通常该方程组没有经典解法，并且要寻求一个带有如下属性的向量 $x* \in \mathbb{R}^n$：

$$\left\|\underbrace{Ax* - b}_{=:r}\right\|_2 = \min_{x \in \mathbb{R}^n}\|Ax - b\|_2$$

这里，$\|\cdot\|$ 表示欧几里德向量范数 $\|v\|_2 = \sqrt{\sum_{i=1}^{n} v_i^2}$。

该问题称为最小二乘的问题。一个稳妥的求解方法是基于分解 $A = U\Sigma V^{\mathrm{T}}$，其中 U 是一个 $m×m$ 正交矩阵，V 是一个 $n×n$ 正交矩阵，$\Sigma = (\sigma_{ij})$ 是一个 $m×n$ 矩阵（其中属性 $\sigma_{ij}=0$ 且 $i \neq j$）。这样的分解称为奇异值分解（Singular Value Decomposition，SVD）。

写作：

$$\Sigma = \begin{bmatrix} \Sigma_1 \\ 0 \end{bmatrix}$$

对角线 $n×n$ 矩阵 Σ_1。如果假设 A 是满秩的，那么 Σ_1 就是可逆的并且可以表示为 $x* = V\begin{bmatrix}\Sigma_1^{-1} & 0\end{bmatrix}U^{\mathrm{T}}b$。如果将 $U = [U_1\ U_2]$（其中 U_1 是一个 $m×n$ 的子矩阵）分解，则可以上面的方程简化为 $x* = V\Sigma_1^{-1}U^{\mathrm{T}}b$。

SciPy 提供了一个函数 svd，可以用来求解该任务，如下所示：

```
import scipy.linalg as sl
[U1, Sigma_1, VT] = sl.svd(A, full_matrices = False,
                                   compute_uv = True)
xast = dot(VT.T, dot(U1.T, b) / Sigma_1)
r = dot(A, xast) - b # 计算残差
nr = sl.norm(r, 2) # 计算 r 的欧几里德范数
```

关键字 full_matrices 表示只需要计算 U 的 U_1 部分。由于我们通常只使用 SVD 来计算奇异值 σ_{ii}，所以必须使用关键字 compute_uv 显式地要求对 U 和 V 的计算。SciPy 函数 scipy.linalg.lstsq 通过使用奇异值分解来解决最小二乘问题。

4.9.3 其他方法

在目前为止的示例中，读者学习了几种用于线性代数计算任务的方法，例如 `solve` 方法。大多数常用方法都可以在执行导入命令 `import scipy.linalg as sl` `scipy.linalg` 后使用。我们引入了这些方法的文档作为进一步的参考。表 4.6 给出了 scipy.linalg 模块的一些线性代数函数。

表 4.6　　　　　　　　　　scipy.linalg 模块的线性代数函数

方法	说明（矩阵方法）
sl.det	矩阵的行列式
sl.eig	矩阵的特征值和特征向量
sl.inv	逆矩阵
sl.pinv	伪逆矩阵
sl.norm	矩阵或向量范数
sl.svd	奇异值分解
sl.lu	LU 分解
sl.qr	QR 分解
sl.cholesky	三角分解
sl.solve	一般或对称的线性系统的解决方案：$Ax=b$
sl.solve.banded	同带状矩阵
sl.lstsq	最小二乘解

首先执行导入命令 `import scipy.linalg as sl`。

4.10　小结

在本章中，我们介绍了线性代数中最重要的对象——向量和矩阵，讲述了如何定义数组以及一些重要的数组方法，并简单介绍了如何使用 `scipy.linalg` 模块来执行线性代数中的核心任务。

4.11 练习

练习 1 考虑下面的 4×3 矩阵 M:

$$\begin{pmatrix} 1 & 2 & 3 \\ 4 & 5 & 6 \\ 7 & 8 & 9 \\ 10 & 11 & 12 \end{pmatrix}$$

1. 使用 array 函数在 Python 中构建该矩阵。

2. 使用 arange 函数构造相同的矩阵，然后对其进行适当重塑。

3. 表达式 M[2,:] 的结果是什么？类似的表达式 M[2:] 的结果是什么？

练习 2 给定一个向量 x，在 Python 中构建如下矩阵:

$$V = \begin{pmatrix} x_0^5 & x_0^4 & \cdots & x_0^1 & x_0^0 \\ x_1^5 & x_1^4 & \cdots & x_1^1 & x_1^0 \\ & & \vdots & & \\ x_5^5 & x_5^4 & \cdots & x_5^1 & x_5^0 \end{pmatrix}$$

这里 x_i 是向量 x（从零开始）的元素。给定向量 y，用 Python 求解线性方程组 $Va = y$，使 a 的元素由 a_i，$i=0,\ldots,5$ 来表示。编写用来计算如下多项式的函数 poly（其中 a 和 z 作为输入）:

$$p(z) = \sum_{i=0}^{5} a_{5-i} z^i$$

绘制这个多项式，并在相同的图中绘制点 (x_i, y_i) 作为小星星。尝试使用如下向量运行代码:

- $x = (0.0, 0.5, 1.0, 1.5, 2.0, 2.5)$
- $y = (-2.0, 0.5, -2.0, 1.0, -0.5, 1.0)$

练习 3 在练习 2 中的矩阵 V 称为范德蒙矩阵（Vandermonde matrix），它可以在 Python 中通过 vander 命令直接进行构建。可以使用 Python 命令 polyval 来评估由一个系数向量定义的多项式。使用这些命令重复练习 2。

练习 4 令 u 为一个一维数组，使用值 $\xi_i = (u_i + u_{i+1} + u_{i+2})/3$ 构造另一个数组 ξ。在

统计学中，这个数组被称为 u 的移动平均值。在近似理论中，它发挥着 3 次样条的 Greville 横标（Greville abscissae）的作用。尽量避免在脚本中使用 for 循环语句。

练习 5

1. 通过删除练习 2 中给出的矩阵 V 的第一列来构建矩阵 A。

2. 形成矩阵 $B = (A^T A)^{-1} A^T$。

3. 使用练习 2 中的 y 来计算 $c = B y$。

4. 使用 c 和 polyval 来绘制由 c 定义的多项式，在同一张图片中再次绘制点 (x_i, y_i)。

练习 6　练习 5 描述了最小二乘法，改用 SciPy 的 scipy.linalg.lstsq 方法重复该练习。

练习 7　令 v 是以 3×1 矩阵 $[1\ -1\ 1]^T$ 为坐标形式的向量，构造如下投影矩阵：

$$P = \frac{v v^T}{v^T v} \text{ 和 } Q = I - P$$

练习 8　在数值线性代数中，$m \times m$ 矩阵 A 具有如下属性：

$$A_{ij} = \begin{cases} 0 & i < j, j \neq m \\ 1 & i = j \text{ 或 } j = m \\ -1 & \text{其他} \end{cases}$$

以上矩阵是在执行 LU 因式分解时作为极端增长因子的一个例子。

在 Python 中为不同的 m 构建以下矩阵，使用命令 scipy.linalg.lu 计算该矩阵的 LU 分解，并通过实验获得与 m 相关的增长因子的语句。

$$\rho = \frac{\max_{ij} \left| U_{ij} \right|}{\max_{ij} \left| A_{ij} \right|}$$

第 5 章
高级数组

本章将介绍数组的一些更为高级的概念。首先，我们将介绍数组视图的概念，其次介绍布尔数组和数组的比较。我们还将简要介绍索引及向量化、解释稀疏数组以及一些特殊的主题，比如广播。

5.1 数组视图和副本

为了精确地控制内存的使用方式，NumPy 包提供了数组视图的概念。视图是与较大数组共享相同数据的较小数组，这与单个对象的引用类似（见第 1.3 节）。

5.1.1 数组视图

下面通过一个数组切片给出了最简单的数组视图示例：

```
M = array([[1.,2.],[3.,4.]])
v = M[0,:]   # M 的第一行
```

上述切片是数组 M 的视图，它与 M 共享相同的数据。如果修改 v，M 也会同时被修改：

```
v[-1] = 0.
v   # 数组([[1.,0.]])
M   # 数组([[1.,0.],[3.,4.]]) # M 也被修改了
```

数组的属性 base 使得访问拥有数据的对象成为可能：

```
v.base  # 数组([[1.,0.],[3.,4.]])
v.base is M  # True
```

如果数组拥有其本身的数据，则其属性 base 的值为 none：

```
M.base  # None
```

5.1.2 切片视图

关于哪些切片将返回视图、哪些切片将返回副本都有明确的规则。只有基本切片（主要为带冒号的索引表达式）将返回视图，而任何高级切片（例如使用布尔值的切片）都将返回数据的副本。如下例所示，可以通过使用列表（或数组）进行索引来创建新的矩阵：

```
a = arange(4)  # 数组([0.,1.,2.,3.])
b = a[[2,3]]  # 索引是一个列表[2,3]
b  # 数组([2.,3.])
b.base is None  # True,数据被复制
c = a[1:3]
c.base is None  # False，这只是一个视图
```

在上述示例中，数组 b 不是视图，而使用更简单的切片获得的数组 c 是视图。

有一个特别简单的数组切片可以返回整个数组的视图：

```
N = M[:]  # 这是整个数组 M 的视图
```

5.1.3 转置和重塑视图

其他一些重要的操作也可以返回视图，例如，转置可以返回视图：

```
M = random.random_sample((3,3))
N = M.T
N.base is M  # True
```

这同样适用于所有重塑操作：

```
v = arange(10)
C = v.reshape(-1,1)  # 列矩阵
C.base is v  # True
```

5.1.4 复制数组

有时需要显式地请求复制数据，这可以通过 NumPy 包的函数 array 很容易地实现：

```
M = array([[1.,2.],[3.,4.]])
```

```
N = array(M.T)  # M.T 的副本
```

我们可以通过验证数据确认已经被复制了：

```
N.base is None  # True
```

5.2 数组比较

比较两个数组并不像看起来那么简单。试考虑如下代码，其目的是检查两个矩阵是否彼此相近：

```
A = array([0.,0.])
B = array([0.,0.])
if abs(B-A) < 1e-10:  # 这里引发了异常
    print("The two arrays are close enough")
```

执行 if 语句时，此段代码引发了异常：

```
ValueError: The truth value of an array with more than one element is
ambiguous. Use a.any() or a.all()
```

本节将说明引发异常的原因以及出现这种情况时要如何补救。

5.2.1 布尔数组

布尔数组对进行高级数组索引很有用（见第 5.3.1 节）。布尔数组只是一个元素为 bool 类型的数组：

```
A = array([True,False])  # 布尔数组
A.dtype  # dtype('bool')
```

任何作用于数组的比较运算符都将创建一个布尔数组，而不是简单的布尔值：

```
M = array([[2, 3],
           [1, 4]])
M > 2  # 数组([[False, True],
       #      [False, True]])
M == 0  # 数组([[False, False],
        #       [False, False]])
N = array([[2, 3],
```

```
           [0, 0]])
M == N  # 数组([[True, True],
        #      [False, False]])
...
```

注意，由于数组比较创建了布尔数组，因此在条件语句（例如 if 语句）中不能直接使用数组比较。解决方案是使用 all 和 any 方法：

```
A = array([[1,2],[3,4]])
B = array([[1,2],[3,3]])
A == B # 创建了 array([[True, True], [True, False]])
(A == B).all() # False
(A != B).any() # True
if (abs(B-A) < 1e-10).all():
    print("The two arrays are close enough")
```

相等判断

两个浮点数组的相等判断不是直接进行的，因为两个浮点数可能无限接近但不相等，在 Numpy 中可以用 allclose 来判断相等，该函数判断了两个达到指定精度的数组是否相等。

```
data = random.rand(2)*1e-3
small_error = random.rand(2)*1e-16
data == data + small_error # False
allclose(data, data + small_error, rtol=1.e-5, atol=1.e-8) # True
```

该误差是根据相对误差界限 rtol 和相对误差界限 atol 给出的。allclose 命令是 (abs(A-B)<atol+rtol*abs(B)).all() 的简写形式。

注意，allclose 命令也可用于标量：

```
data = 1e-3
error = 1e-16
data == data + error # False
allclose(data, data + error, rtol=1.e-5, atol=1.e-8) # True
```

5.2.2　数组布尔运算

用户不能在布尔数组上使用 and、or 或 not 操作符，这些操作符实际上会将数组强制转换为布尔值，这是不被允许的。我们可以使用表 5.1 给出的操作符用于布尔数组的分支逻辑运算：

表 5.1　　　　　　　　逻辑运算符 and、or 和 not 不能应用于数组

逻辑运算符	布尔数组的替换
A and B	A & B
A or B	A | B
not A	~ A

```
A = array([True, True, False, False])
B = array([True, False, True, False])
A and B # 报错！
A & B # array([True, False, False, False])
A | B # array([True, True, True, False])
~A # array([False, False, True, True])
```

以下是在布尔数组上使用逻辑运算符的示例：

假设有一系列与某些测量误差有关的数据，进一步假设运行一个回归且获得了每个值的偏差，我们希望获取所有异常值和所有偏差小于给定阈值的值：

```
data = linspace(1,100,100)                    # 数据
deviation = random.normal(size=100)           # 偏差
                                              # 别忘了下一个语句中的括号
exceptional = data[(deviation<-0.5)|(deviation>0.5)]
exceptional = data[abs(deviation)>0.5]        # 结果相同
small = data[(abs(deviation)<0.1)&(data<5.)] # 小偏差与数据
```

5.3　数组索引

我们已经了解到通过组合切片和整数可以索引数组，这是基本的切片技巧。然而，我们还有更多的方法可用来访问和修改数组元素。

5.3.1　使用布尔数组进行索引

根据数组中元素的值来访问和修改数组的一部分通常很有用。例如，我们可能想要访问数组中的所有正数，此时使用布尔数组就是可行的，它就像掩模一样只选择数组的一些元素。这种索引操作的结果总是一个向量，例如，试考虑以下示例：

```
B = array([[True, False],
            [False, True]])
M = array([[2, 3],
            [1, 4]])
M[B] # array([2,4]), 向量
```

实际上，调用 M [B] 相当于使用了方法 M.flatten()[B]。然后，我们可以用另一个向量代替所得向量。例如，可以用零来替换所有元素（有关更多详细信息，请参考 5.5 节）：

```
M[B] = 0
M # [[0, 3], [1, 0]]
```

或者可以用其他值来替换所有选定值：

```
M[B] = 10, 20
M # [[10, 3], [1, 20]]
```

为了组合布尔数组（M>2）的创建、智能索引（使用布尔数组进行索引）以及广播，可以使用如下优雅的语法：

```
M[M>2] = 0 # 所有大于 2 的元素均被替换为 0
```

这里的广播表达式指的是默认将标量 0 转换为适当形状的向量。

5.3.2 使用 where 命令

命令 where 给出了一个有用的结构，该结构将布尔数组作为条件，并返回满足条件的数组元素的索引，或者根据布尔数组中的值返回不同的值。

其基本结构为：

```
where(condition, a, b)
```

如果条件为 True，则返回 a 值；如果条件为 False，则返回 b 值。

例如，考虑函数 heaviside：

$$H(x) = \begin{cases} 0 & x < 0 \\ 1 & x \geqslant 0 \end{cases}$$

如下代码实现了函数 heaviside：

```
def H(x):
    return where(x < 0, 0, 1)
x = linspace(-1,1,11) # [-1. -0.8 -0.6 -0.4 -0.2 0. 0.2 0.4 0.6 0.8 1. ]
print(H(x))           # [0 0 0 0 0 1 1 1 1 1 1]
```

第二个和第三个参数既可以是与条件（布尔数组）大小相同的数组，也可以是标量。再给出两个例子来演示如何根据条件来操作数组或标量中的元素：

```
x = linspace(-4,4,5)
# [-4. -2. 0. 2. 4.]

print(where(x > 0, sqrt(x), 0))
# [ 0.+0.j 0.+0.j 0.+0.j 1.41421356+0.j 2.+0.j ]
print(where(x > 0, 1, -1)) # [-1 -1 -1 1 1]
```

如果省略第二个和第三个参数，则返回一个元组，该元组包含了满足条件的元素的索引。

例如，考虑如下代码中只有一个参数的 where 用法：

```
a = arange(9)
b = a.reshape((3,3))

print(where(a > 5)) # (array([6, 7, 8]),)

print(where(b > 5)) # (array([2, 2, 2]), array([0, 1, 2]))
```

5.4 代码性能和向量化

当谈到 Python 代码的性能时，通常会被归结为解释型代码和编译型代码的区别。Python 是一种解释性的编程语言，基本的 Python 代码不需要任何中间编译过程来得到机器代码，而是直接执行。而对于编译型语言，就需要在执行代码前将其编译为机器指令。

解释型语言的好处有很多，但解释型代码的速度不能与编译型代码相媲美。为了使代码更快，可以使用诸如 FORTRAN、C 或 C++等编译型语言编写部分代码，这就是 NumPy 和 SciPy 所做的。

因此，最好尽可能地使用 NumPy 和 SciPy 包中的函数，而不是解释型代码版本。诸如矩阵乘法、矩阵-向量乘法、矩阵分解以及标量乘积等 NumPy 数组运算要比任何纯 Python 代码的等效运算快得多。考虑如下标量乘积的简单示例，标量乘积比编译的 NumPy 函数

dot（a，b）要慢得多（对于大约由 100 个元素的数组，其速度要慢 100 倍）：

```
def my_prod(a,b):
    val = 0
    for aa,bb in zip(a,b):
        val += aa*bb
    return val
```

测试函数的执行速度是科学计算的一个重要方面，有关测试执行时间的详细信息，请参阅第 13.10 节。

向量化

为了提升代码性能，我们通常必须将代码向量化。使用 NumPy 包的切片、运算符和函数来替换代码中的 for 循环以及其他运行速度较慢的代码片段，可以显著地提高代码的性能。例如，通过元素迭代来实现标量和向量的简单加法计算，运行速度是非常慢的：

```
for i in range(len(v)):
    w[i] = v[i] + 5
```

使用 NumPy 包的加法，运行速度要比上面的代码要快得多：

```
w = v + 5
```

使用 NumPy 包的切片也可以显著提高 for 循环的迭代速度。为了证明这一点，试考虑在二维数组中形成相邻元素的平均值，代码如下所示：

```
def my_avg(A):
    m,n = A.shape
    B = A.copy()
    for i in range(1,m-1):
        for j in range(1,n-1):
            B[i,j] = (A[i-1,j] + A[i+1,j] + A[i,j-1] + A[i,j+1])/4
    return B

def slicing_avg(A):
    A[1:-1,1:-1] = (A[:-2,1:-1] + A[2:,1:-1] +
    A[1:-1,:-2] + A[1:-1,2:])/4
    return A
```

以上两个函数都为每个元素分配了与该元素相邻的 4 个元素的平均值。第二个使用了

NumPy 切片的版本，其运行速度要快得多。

除了用 Numpy 函数来替换 `for` 循环和其他运行速度更慢的代码片段，还有一个叫作 `vectorize` 的函数也非常有用（见第 4.8 节）。这需要一个函数，并创建一个向量化的版本。该版本通过函数尽可能地将该函数应用于数组的所有元素。

试考虑如下用于将函数向量化的代码示例：

```
def my_func(x):
    y = x**3 - 2*x + 5
    if y>0.5:
        return y-0.5
    else:
        return 0
```

通过遍历数组来使用该函数会使运行速度非常慢：

```
for i in range(len(v)):
    v[i] = my_func(v[i])
```

相反，可以使用函数 `vectorize` 来创建一个新函数，如下所示：

```
my_vecfunc = vectorize(my_func)
```

该函数可以直接应用于数组：

```
v = my_vecfunc(v)
```

选择向量化方法会更快（对于长度为 100 的数组，其速度要快约 10 倍）。

5.5 广播

NumPy 中的广播表示能够猜测两个数组之间共同以及兼容的形状。例如，当一个向量（一维数组）和一个标量（零维数组）相加时，为了能够执行加法，标量需要扩展为向量，这种通用机制称为广播。我们将首先从数学角度来考察这一机制，然后会给出 Numpy 中用于广播的精确规则。

5.5.1 数学视角

在数学中广播通常都是隐式地执行，例如表达式 $f(x)+C$ 或 $f(x)+g(y)$。本节中我们将对该技巧进行明确的说明。

正如第 4.2 节中所描述的那样，我们已经了解了函数和 Numpy 数组之间有着非常密切的关系。

1．常数函数

关于广播最常用的示例之一是函数和常数的加法。如果 C 是一个标量，我们通常写作：

$$f := \sin + C$$

因为我们不能将函数和常量相加，所以上述情况为符号滥用。然而，常数被隐式地广播成了函数。常数 C 的广播版本是定义如下的函数 $\overline{C}$：

$$\overline{C}(x) := C \quad \forall x$$

现在将两个函数相加是有意义的，如下所示：

$$f = \sin + \overline{C}$$

我们绝不是过分拘泥于细节，而是因为对于数组也可能会出现类似的情况，代码如下所示：

```
vector = arange(4)  # array([0.,1.,2.,3.])
vector + 1.         # array([1.,2.,3.,4.])
```

在上面的例子中，标量 1.被转换成了与 vector 长度相同的数组，即 array([1.,1,1,1,1])，然后与 vector 相加。

这个例子非常简单，下面给出一些相对复杂的示例。

2．多变量函数

在构建多变量函数时，会出现更为复杂的有关广播的示例。例如，假设有两个单变量的函数 f 和 g，欲根据如下公式构建一个新函数 F：

$$F(x, y) = f(x) + g(y)$$

这显然是一个有效的数学定义。我们想用两个定义如下的变量将该定义表达为两个函数的总和：

$$\overline{f}(x, y) := f(x) \quad \forall y$$
$$\overline{g}(x, y) := g(y) \quad \forall x$$

可以将其简写为：

$$F := \overline{f} + \overline{g}$$

这与将列矩阵与行矩阵相加时出现的情况类似，如下所示：

```
C = arange(2).reshape(-1,1) # column
R = arange(2).reshape(1,-1) # row
C + R                       # valid addition: array([[0.,1.],[1.,2.]])
```

正如第 5.5.3 节所示，这种方法在对双变量函数进行采样时尤其有用。

3. 通用机制

读者应学会了如何将函数与向量相加以及如何从两个单变量函数构建一个双变量函数。本节将重点讨论能够实现上述方法的通用机制，其分为两个步骤，即重塑和扩展。

首先，函数 g 被重塑为双参数函数 $\tilde{g}$，其中一个参数为空参数，按照约定，空参数取 0 值，如下所示：

$$\tilde{g}(0, y) := g(y)$$

从数学角度来看，函数 $\tilde{g}$ 现在的定义域为 $\{0\} \times \mathbb{R}$。函数 f 通过上述类似方法进行重塑，如下所示：

$$\tilde{f}(x, 0) := f(x)$$

尽管其中一个参数为 0，但现在函数 $\tilde{f}$ 和 $\tilde{g}$ 均为双参数函数。继续进行下一个步骤——扩展。将常数转换为常数向量需要同样的步骤（参考常数函数示例）。

函数 $\tilde{f}$ 被扩展为：

$$\overline{f}(x, y) := \tilde{f}(x, 0) \quad \forall y$$

函数 $\tilde{g}$ 被扩展为：

$$\overline{g}(x, y) := \tilde{g}(0, y) \quad \forall y$$

由 $F(x,y) = f(x) + g(y)$ 草率定义的双变量函数 F，现在不引用其参数就可以被定义如下：

$$F := \overline{f} + \overline{g}$$

比如，说明上述用于常数的机制。常数是一个标量，也就是一个零参数函数。重塑步骤是定义一个（空）变量函数，如下所示：

$$\tilde{C}(0) := C$$

扩展步骤可以通过如下方法简单进行：

$$\bar{C}(x) := \tilde{C}(0)$$

4．约定

最后一部分是有关如何向函数添加额外参数的约定，即如何自动执行重塑。按照约定，函数可以通过在左边添加零来自动进行重塑。

比如，如果必须要将一个双参数函数 g 重塑为一个有 3 个参数的函数，那么新的函数可以通过如下方式定义：

$$\tilde{g}(0, x, y) := g(x, y)$$

5.5.2   广播数组

现在我们已经重复观察到数组只是多变量函数（见第 4.2 节）。因此，数组广播与上述数学函数遵循相同的过程。在 Numpy 中可以自动完成广播。

我们在图 5.1 中展示了要将一个形状为（4,3）的矩阵与一个大小为（1,3）的矩阵相加时会发生的情况，第二个矩阵是形状为（4,3）的矩阵：

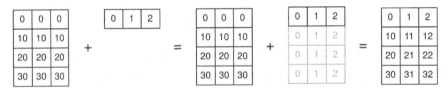

图 5.1   矩阵和向量间的广播

1．广播问题

当 Numpy 被给定两个不同形状的数组，并要求执行满足两个形状相同的数组运算时，两个数组均被广播成常见的形状。

假设两个数组的形状分别为 s_1 和 s_2，广播需要通过如下两个步骤来执行。

（1）如果形状 s_1 的长度比形状 s_2 短，则在形状 s_1 的左侧添加，这个过程称为重塑。

（2）如果两个形状长度相同，则数组被扩展为可以匹配 s_2 的形状（如果可能的话）。

假设要将一个形状为（3,）的向量与一个形状为（4,3）的矩阵相加，则向量需要被广播。第一个运算步骤为重塑，将向量的形状从（3,）转换为（1,3）。第二个运算是扩展，将向量的形状从（1,3）转换为（4,3）。

例如，假设一个大小为 n 的向量将被广播为形状（m, n）。

（1）向量被自动重塑为（$1, n$）。

（2）向量被扩展为（m, n）。

为了证明这一点，让我们考虑通过如下方法定义的矩阵：

```
M = array([[11, 12, 13, 14],
           [21, 22, 23, 24],
           [31, 32, 33, 34]])
```

以及由如下方式给出的向量 v：

```
v = array([100, 200, 300, 400])
```

现在我们可以直接将 M 和 V 相加：

```
M + v # works directly
```

其结果为如下矩阵：

$$\begin{pmatrix} 111 & 212 & 313 & 414 \\ 121 & 222 & 323 & 424 \\ 131 & 232 & 333 & 434 \end{pmatrix}$$

2. 形状错配

要将长度为 n 的向量 v 自动广播到形状（n, m）是不可行的，如下图所示：

因为形状（n,）不能自动广播到向量（m,n），因此广播失败。解决方法是手动将 v 重塑为形状（n,1），现在广播将正常工作（仅限于扩展步骤）：

```
M + v.reshape(-1,1)
```

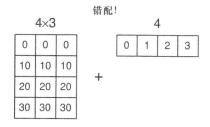

再举另一个例子，先通过如下方法来定义一个矩阵：

```
M = array([[11, 12, 13, 14],
           [21, 22, 23, 24],
           [31, 32, 33, 34]])
```

并通过如下方式定义一个向量：

```
v = array([100, 200, 300])
```

因为自动重塑不起作用，所以自动广播将会失败：

```
M + v # shape mismatch error
```

解决方案是手动进行重塑。在这种情况下我们要在右边添加 1，即将向量转化为列矩阵，然后广播会直接发挥作用：

```
M + v.reshape(-1,1)
```

有关形状参数-1 的内容，请参考第 4.6 节。其结果是如下的矩阵：

$$\begin{pmatrix} 111 & 112 & 113 & 114 \\ 221 & 222 & 223 & 224 \\ 331 & 332 & 333 & 334 \end{pmatrix}$$

5.5.3　典型示例

让我们来考察一些典型的示例，广播可能会派上用场。

1．调整行

假设 M 是一个 $n \times m$ 的矩阵，欲将每行与一个系数相乘（该系数通过 n 分量存储在向量 coeff 中）。这种情况下，自动重塑将不起作用，我们必须执行：

```
rescaled = M*coeff.reshape(-1,1)
```

2．调整列

这里的设置是一样的，但是我们想要使用存储在长度为 m 的向量 coeff 中的系数来调整每列。在这种情况下，自动重塑将发挥作用：

```
rescaled = M*coeff
```

显然，也可以手动进行重塑，并通过如下方式实现相同的结果：

```
rescaled = M*coeff.reshape(1,-1)
```

3. 双变量函数

假设 u 和 v 为向量，我们想要使用元素 $w_{ij} = u_i + v_j$ 来形成矩阵 W，这与函数 $F(x, y) = x$ 相对应，矩阵 W 仅由如下方式定义：

```
W=u.reshape(-1,1) + v
```

如果向量 u 和 v 分别为 [0, 1] 和 [0, 1, 2]，则结果如下所示：

$$W = \begin{pmatrix} 0 & 1 & 2 \\ 1 & 2 & 3 \end{pmatrix}$$

一般来说，假设要对函数 $w(x, y) := \cos(x) + \sin(2y)$ 进行采样，并假设向量 x 和 y 被定义，则采样值的矩阵 W 可通过如下方式获得：

```
w = cos(x).reshape(-1,1) + sin(2*y)
```

注意，其通常与语法 ogrid 结合使用。通过 ogrid 获得的向量也已经被方便地重塑形状以便用于广播。这使得我们接下来能够对函数 $\cos(x) + \sin(2y)$ 进行优雅地采样，如下所示：

```
x,y = ogrid[0:1:3j,0:1:3j]
# x,y are vectors with the contents of linspace(0,1,3)
w = cos(x) + sin(2*y)
```

有关 ogrid 语法需要一些说明。首先，ogrid 不是函数，它是一个使用__getitem__ 方法的类的示例（见第 8.2 节）。这就是为什么它使用方括号而不是圆括号的原因。

如下两个命令是等效的：

```
x,y = ogrid[0:1:3j, 0:1:3j]
x,y = ogrid.__getitem__((slice(0, 1, 3j),slice(0, 1, 3j)))
```

上述示例中的步长参数是一个复数，这表明它是步数而不是步长。有关步长参数的规则乍一看可能会令人困惑。

- 如果步长为实数，则它定义了起点和终点之间的步数的大小（列表中不包含终点）。

- 如果步长为复数 s，那么 s.imag 的整数部分定义了起点和终点之间的步数的大小（列表中包含终点）。

ogrid 输出的另一个例子是一个具有两个数组的元组（该元组可用于广播）：

```
x,y = ogrid[0:1:3j, 0:1:3j]
```

得出：

```
array([[ 0. ],
       [ 0.5],
       [ 1. ]])
array([[ 0. , 0.5, 1. ]])
```

其等同于：

```
x,y = ogrid[0:1.5:.5, 0:1.5:.5]
```

5.6 稀疏矩阵

具有少量非零项的矩阵称为**稀疏矩阵**。当在偏微分方程数值求解的过程中描述离散微分算子时，稀疏矩阵就会出现在科学计算中。

稀疏矩阵通常具有很大的维度，有时甚至大到整个矩阵（零元素）与可用内存不相适应。这是稀疏矩阵的一种特殊的动机，另一个动机是使避免零矩阵元素的运算具有更好的性能。

在线性代数中，对于一般的、非结构化的稀疏矩阵的算法数量非常有限。它们中的大多数本质上都是迭代，并且是基于矩阵向量乘法（用于稀疏矩阵）的有效实现。

有关稀疏矩阵的示例是对角线和带状矩阵，这些矩阵的简单结构允许直接存储策略，主对角线、子对角线以及超对角线被存储在一维数列中。从稀疏表示到经典数组类型的相互转换可以通过命令 diag 来实现。

通常情况下没有这样简单的结构，并且稀疏矩阵的描述需要特殊的技巧和标准。这里我们提供了一个用于稀疏矩阵的面向行和列的类型，两种类型均可以通过模块 scipy.sparse 来获得。

图 5.2 为来自弹性板的有限元素模型的刚度矩阵。

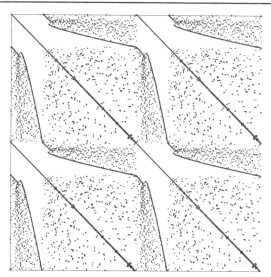

图 5.2 来自弹性板的有限元素模型的刚度矩阵，像素表示 1250×1250 矩阵中的非零元素

5.6.1 稀疏矩阵格式

scipy.sparse 模块提供了许多来自于稀疏矩阵的不同存储格式。这里仅描述最为重要的格式 CSR、CSC 和 LIL。LIL 格式用于生成和更改稀疏矩阵，CSR 和 CSC 是用于矩阵—矩阵和矩阵—向量运算的有效格式。

1. 压缩稀疏行

压缩稀疏行格式（Compressed Sparse Row，CSR）使用了 3 个数组，分别是 data、indptr 和 indices。

- 一维数组 data 有序地存储了所有的非零值，它具有与非零元素同样多数量的元素，通常由变量 nnz 表示。

- 一维数组 indptr 包含了证书使得 indptr[i] 是 data 中元素的索引，它是行 i 中的第一个非零元素。如果整个行 i 为零，则 indptr[i]==indptr[i+1]。如果初始矩阵有 m 行，则 len(indptr)==m+1。

- 一维数组 indices 使用如下方式包含了列索引信息：indices[indptr[i]: indptr[i+1]] 是一个具有行 i 中的非零元素的列索引的整数数组。显然 len(indices)==len(data)==nnz。

下面来看一个示例：

矩阵的 CSR 格式：

$$A = \begin{pmatrix} 1. & 0. & 2. & 0. \\ 0. & 0. & 0. & 0. \\ 3. & 0. & 0. & 0. \\ 1. & 0. & 0. & 4. \end{pmatrix}$$

可以由以下 3 个数组给出：

```
data = (1. 2. 3. 4.)
indptr = (0 2 2 3 5)
indices = (0 2 0 0 3)
```

scipy.sparse 模块提供了一个类型 csr_matrix，且具有构造函数，可通过如下方式来使用。

- 使用二维数组作为参数。

- 使用 scipy.sparse 中其他稀疏格式之一的矩阵。

- 使用形状参数 (m,n) 来生成一个 CSR 格式的零矩阵。

- 通过用于 data 的一维数组和形状为 (2,len(data)) 的整数数组 ij，使得 ij[0,k] 和 ij[1, k] 分别为矩阵的 data[k] 的列索引和行索引。

- 可以直接将 3 个参数 data、indptr 和 indices 给到构造函数。

前两个选项用于转换目的，而最后两个选项直接定义了稀疏矩阵。

考虑以上看起来像这样的 Python 示例：

```
import scipy.sparse as sp
A = array([[1,0,2,0],[0,0,0,0],[3.,0.,0.,0.],[1.,0.,0.,4.]])
AS = sp.csr_matrix(A)
```

其提供了以下属性：

```
AS.data    # returns array([ 1., 2., 3., 1., 4.])
AS.indptr  # returns array([0, 2, 2, 3, 5])
AS.indices # returns array([0, 2, 0, 0, 3])
AS.nnz     # returns 5
```

2. 压缩稀疏列

CSR 格式有一个面向列的双胞胎, 即压缩稀疏列 (Compressed Sparse Column, CSC), 它与 CSR 格式相比唯一的不同点是 indptr 和 indices 数组的定义, 该定义是与列相关的。

用于 CSC 格式的类型为 csc_matrix, 并且其用法与 csr_matrix 一致, 这在本节的前面已经介绍过。

继续使用 CSC 格式的同一个例子:

```
import scipy.sparse as sp
A = array([[1,0,2,0],[0,0,0,0],[3.,0.,0.,0.],[1.,0.,0.,4.]])
AS = sp.csc_matrix(A)
AS.data          # returns array([ 1., 3., 1., 2., 4.])
AS.indptr        # returns array([0, 3, 3, 4, 5])
AS.indices       # returns array([0, 2, 3, 0, 3])
AS.nnz           # returns 5
```

3. 基于行的链表格式

链表稀疏格式在列表数据中以行方式存储非零元素, 使得 data[k] 是行 k 中的非零元素的列表。如果该行中的所有元素都为 0, 则它包含一个空列表。

第二个列表 rows 在位置 k 包含了在行 k 中的非零元素的列索引列表。如下是**基于行的链表格式** (Row-Based Linked List Format, LIL) 的格式示例:

```
import scipy.sparse as sp
A = array([[1,0,2,0],[0,0,0,0], [3.,0.,0.,0.], [1.,0.,0.,4.]])
AS = sp.lil_matrix(A)
AS.data  # returns array([[1.0, 2.0], [], [3.0], [1.0, 4.0]],
dtype=object)
AS.rows  # returns array([[0, 2], [], [0], [0, 3]], dtype=object)
AS.nnz   # returns 5
```

用 LIL 格式更改和切割矩阵

LIL 格式是最适合切片的方法, 即以 LIL 格式提取子矩阵, 并通过插入非零元素来改变稀疏模式。如下示例说明了切片的实现:

```
BS = AS[1:3,0:2]
BS.data  # returns array([[], [3.0]], dtype=object)
BS.rows  # returns array([[], [0]], dtype=object)
```

插入新的非零元素会自动更新属性：

```
AS[0,1] = 17
AS.data # returns array([[1.0, 17.0, 2.0], [], [3.0], [1.0, 4.0]])
AS.rows        # returns array([[0, 1, 2], [], [0], [0, 3]])
AS.nnz         # returns 6
```

由于这些运算非常低效，因此不鼓励在其他稀疏矩阵格式中使用。

5.6.2   生成稀疏矩阵

Numpy 包的命令 eye、identity、diag 和 rand 都有其对应的稀疏矩阵，这些命令需要额外的参数来指定所得矩阵的稀疏矩阵格式：

```
import scipy.sparse as sp
sp.eye(20,20,format = 'lil')
sp.spdiags(ones((20,)),0,20,20, format = 'csr')
sp.identity(20,format ='csc')
```

sp.rand 命令需要一个额外的参数来描述生成的随机矩阵的密度。密集矩阵的密度为 1，而零矩阵的密度为 0。

```
import scipy.sparse as sp
AS=sp.rand(20,200,density=0.1,format='csr')
AS.nnz # returns 400
```

没有与 NumPy 命令 zeros 直接对应的矩阵，完全填充零的矩阵是通过将具有形状参数的相应类型实例化为构造函数参数来生成的：

```
import scipy.sparse as sp
Z=sp.csr_matrix((20,200))
Z.nnz    # returns 0
```

5.6.3   稀疏矩阵方法

将稀疏矩阵类型转换为另一种类型或数组有多种方法：

```
AS.toarray # converts sparse formats to a numpy array
AS.tocsr
AS.tocsc
AS.tolil
```

可以通过 isssparse、isspmatrix_lil、isspmatrix_csr 和 isspmatrix_csc 等方法检查稀疏矩阵的类型。

稀疏矩阵上基于元素的运算符+、*、/和**被定义为用于 NumPy 数组运算。不论操作数的稀疏矩阵格式如何，结果总为 csr_matrix。将基于元素运算的函数应用于稀疏矩阵，首先需要将其转换为 CSR 或 CSC 格式并将函数应用于其 data 属性，这将在下一个示例中具体说明。

稀疏矩阵基于元素的正弦可以通过其数据属性的运算来定义：

```
import scipy.sparse as sp
def sparse_sin(A):
    if not (sp.isspmatrix_csr(A) or sp.isspmatrix_csc(A)):
        A = A.tocsr()
A.data = sin(A.data)
return A
```

对于矩阵-矩阵或矩阵-向量乘法运算，有一个稀疏矩阵方法 dot，它将返回 csr_matrix 或 1D NumPy array：

```
import scipy.sparse as sp
A = array([[1,0,2,0],[0,0,0,0],[3.,0.,0.,0.],[1.,0.,0.,4.]])
AS = sp.csr_matrix(A)
b = array([1,2,3,4])
c = AS.dot(b)          # returns array([ 7., 0., 3., 17.])
C = AS.dot(AS)         # returns csr_matrix
d = dot(AS,b)          # does not return the expected result!
```

 应避免在稀疏矩阵上使用 NumPy 的命令 dot，因为这可能会导致意想不到的结果。可以使用 scipy.sparse 中的命令 dot。

5.7 小结

本章的重要主题之一便是视图，忽略这一部分可能会让读者在编码的过程中遇到困难。布尔数组在本书的很多地方都有出现，它是使用数组时为了避免冗长的 if 构造和循环用到的方便而小巧的工具。稀疏矩阵在几乎所有大型计算项目中都是一个焦点，本章也介绍了如何处理这些问题以及相关的可用方法。

第 6 章
绘图

在 Python 中，我们可以通过 matplotlib 模块的 `pyplot` 子库来完成绘图。matplotlib 可用于创建高质量的图表和图形，也可用于绘制和可视化结果。matplotlib 是开源且免费的软件（见参考文献 [21]），并且 matplotlib 网站上还有一些带示例的优质文档（见参考文献 [35]）。本章将介绍如何使用最常见的功能。后续小节中出现的示例的前提是假定导入了如下模块：

```
from matplotlib.pyplot import *
```

如果想在 IPython 中使用绘图命令，那么建议在启动 IPython shell 后直接运行魔法命令 `%matplotlib`，这样 IPython 就可以交互式地进行制图。

6.1 基本绘图

`plot` 是标准的绘图函数。调用函数 `plot(x,y)` 就可以创建一个带有绘图的图形窗口（其中 y 是 x 的函数）。输入的参数为具有相同长度的数组（或列表）。也可以使用 `plot(y)`，在这种情况下，y 中的值将根据其索引来绘制，也就是说，`plot(y)` 是 `plot(range(len(y)), y)` 的简写形式。

下面的示例演示了如何使用 200 个采样点来绘制函数 $\sin(x)$（其中 $x \in [-2\pi, 2\pi]$）并在每隔 4 个点的位置设置标记：

```
# plot sin(x) for some interval
x = linspace(-2*pi,2*pi,200)
plot(x,sin(x))
```

```
# plot marker for every 4th point
samples = x[::4]
plot(samples,sin(samples),'r*')

# add title and grid lines
title('Function sin(x) and some points plotted')
grid()
```

上述代码的结果如图 6.1 所示。

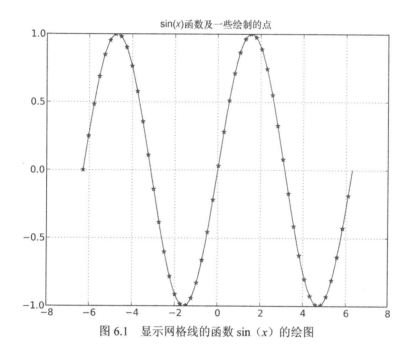

图 6.1 显示网格线的函数 sin（x）的绘图

可以看到，标准图是一条实线曲线，每个轴都会自动缩放来适应坐标值，但也可以手动进行设置。颜色和绘图选项可以在前两个输入参数之后给出。r*在这里表示星标。有关格式化的详细内容见下一节。命令 title 能将标题文本字符串放在绘图区域上方。

多次调用函数 plot 将会在同一窗口中叠加绘图。可以使用函数 figure()得到一个新的空白窗口。figure 命令可能包含一个整数，例如 figure(2)可以用来在图形窗口之间切换。如果没有该数字的图形窗口，则会创建一个新窗口；否则，将会激活该窗口进行绘图，并将所有后续绘图命令应用于该窗口。

可以使用 legend 函数并在每个绘图调用中添加标签来解释多重绘图。下面的示例通过使用 polyfit 和 polyval 命令将多项式拟合为一系列的点，并使用图例绘制出结果：

```
# —Polyfit example—
x = range(5)
y = [1,2,1,3,5]
p2 = polyfit(x,y,2)
p4 = polyfit(x,y,4)

# plot the polynomials and points
xx = linspace(-1,5,200)
plot(xx, polyval(p2, xx), label='fitting polynomial of degree 2')
plot(xx, polyval(p4, xx),
                label='interpolating polynomial of degree 4')
plot(x,y,'*')

# set the axis and legend
axis([-1,5,0,6])
legend(loc='upper left', fontsize='small')
```

这里也可以看到如何使用 axis([xmin,xmax,ymin,ymax]) 来手动设置坐标轴的范围。legend 命令在布局和格式上使用了可选参数，在这种情况下，图例被放在了左上角并用小字号排版，如图 6.2 所示。

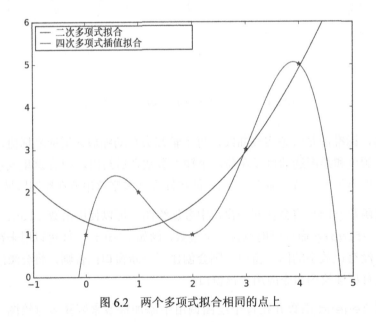

图 6.2　两个多项式拟合相同的点上

作为基本绘图部分最后的示例,我们将演示如何绘制二维散点图和对数图。

二维散点图示例代码如下:

```
# create random 2D points
import numpy
x1 = 2*numpy.random.standard_normal((2,100))
x2 = 0.8*numpy.random.standard_normal((2,100)) + array([[6],[2]])
plot(x1[0],x1[1],'*')
plot(x2[0],x2[1],'r*')
title('2D scatter plot')
```

如下代码是使用了 loglog 函数的对数图示例:

```
# log both x and y axis
x = linspace(0,10,200)
loglog(x,2*x**2, label = 'quadratic polynomial',
                        linestyle = '-', linewidth = 3)
loglog(x,4*x**4, label = '4th degree polynomial',
                        linestyle = '-.', linewidth = 3)
loglog(x,5*exp(x), label = 'exponential function', linewidth = 3)
title('Logarithmic plots')
legend(loc = 'best')
```

图 6.3 所示的示例使用了 plot 函数和 loglog 函数的一些允许特殊格式化的参数。下一节将对这些参数进行详细说明。

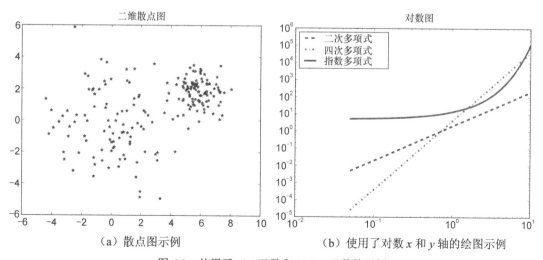

（a）散点图示例　　　　　（b）使用了对数 x 和 y 轴的绘图示例

图 6.3　使用了 plot 函数和 loglog 函数的示例

6.2 格式化

图表和绘图的外观可以根据用户的需要进行设计和定制。这里会用到一些重要的变量，如 `linewidth` 用于控制曲线的宽度，`xlabel` 和 `ylabel` 用于设置坐标轴标签，`color` 用于设置绘图的颜色，`transparent` 用于调节透明度。本节将会介绍其中一些变量的用法。下面的示例使用了更多的关键字：

```
k = 0.2
x = [sin(2*n*k) for n in range(20)]
plot(x, color='green', linestyle='dashed', marker='o',
                    markerfacecolor='blue', markersize=12, linewidth=6)
```

如果仅需要进行基础样式的更改，则可以使用简短的命令，例如设置颜色和线条样式。

表 6.1 给出了一些有关这些格式化命令的示例，可以使用短字符串语法格式 `plot(...,`
`'ro-')` 或者更明确的语法格式 `plot(...,marker='o',color='r',linestyle='-')`。

表 6.1   一些常见的绘图格式参数

线条样式 linestyle		标记 marker		颜色 color	
字符串参数	描述	字符串参数	描述	字符串参数	描述
-	solid	.	point	b	blue
--	dashed	,	pixel	g	green
-,	dashed dotted	o	circle	r	red
:	dotted	∨,∧	triangle down up	c	cyan
		<,>	triangle left,right	m	magenta
		s,p	square,pentagon	y	yellow
		*,+,x	star,plus,x	k	black
		d,D	thin diamond,diamond	w	white

使用 `'o'` 标记并将颜色设置为绿色（green），我们可以编写如下代码：

```
plot(x,'go')
```

如果要绘制直方图而不是常规图，就要使用 hist 命令，如下所示：

```
# random vector with normal distribution
sigma, mu = 2, 10
x = sigma*numpy.random.standard_normal(10000)+mu
hist(x,50,normed=1)
z = linspace(0,20,200)
plot(z, (1/sqrt(2*pi*sigma**2))*exp(-(z-mu)**2/(2*sigma**2)),'g')
# title with LaTeX formatting
title('Histogram with '.format(mu,sigma))
```

所得到的图形类似于图 6.4，标题和任何其他文本都可以通过使用 LaTeX 进行格式化，从而表现数学公式，LaTeX 格式包含在一对$标记之中。另外，要注意通过 format 方法得到的字符串格式，具体请参见第 2.4 节。

有时用于字符串格式化的括号会干扰 LaTeX 括号上下文环境。如果出现这种情况，请用双括号来替换 LaTeX 括号，例如 x_{1}应该被替换为 x_{{1}}。文本中可能包含与字符串转义序列重叠的序列，例如\ tau 将被解释为制表符\ t。一个简单的解决方案是在字符串之前添加 r 使得其成为原始字符串，例如 r'\ tau'。

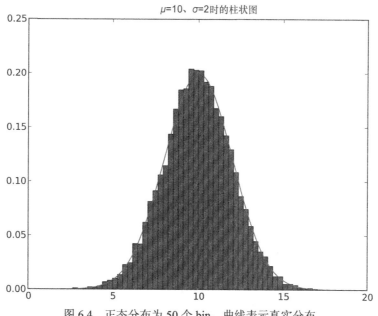

图 6.4　正态分布为 50 个 bin，曲线表示真实分布

可以使用 subplot 命令将多个绘图放置在一个图形窗口中，如图 6.5 所示。考虑如下示例，它迭代算出了正弦曲线上噪点的平均值：

```
def avg(x):
    """ simple running average """
    return (roll(x,1) + x + roll(x,-1)) / 3
# sine function with noise
x = linspace(-2*pi, 2*pi,200)
y = sin(x) + 0.4*rand(200)

# make successive subplots
for iteration in range(3):
    subplot(3, 1, iteration + 1)
    plot(x,y, label = '{:d} average{}'.format(iteration, 's' if iteration >
1 else ''))
    yticks([])
    legend(loc = 'lower left', frameon = False)
    y = avg(y) #apply running average
subplots_adjust(hspace = 0.7)
```

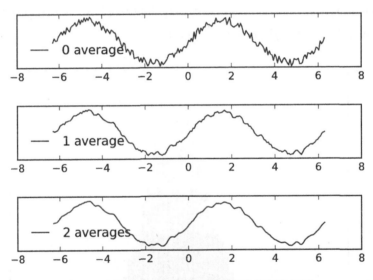

图 6.5　在同一个图形窗口中进行多次绘图的例子

函数 avg 使用了 roll 调用来移动数组中所有的值。subplot 函数具有 3 个参数：垂直绘图的数量、水平绘图的数量以及表示绘图位置的索引（基于行进行计数）。注意，这里用 subplots_adjust 命令增加额外的空间以调整两个子图之间的距离。

savefig 命令非常有用，它允许用户将图形保存为图像格式（这也可以通过图形窗口来完成）。该命令支持多种图像和文件格式，它们可以用文件扩展名指定如下：

```
savefig('test.pdf') # save to pdf
```

或

```
savefig('test.svg') # save to svg (editable format)
```

可以将图像放置在非白色的背景（例如网页）上。为此，可以通过设置 transparent 参数使得图形的背景透明，如下所示：

```
savefig('test.pdf', transparent=True)
```

如果要将图形嵌入 LaTeX 文档中，那么建议通过在图纸周围设置图形的边框用来减少周围的空白区域，如下所示：

```
savefig('test.pdf', bbox_inches='tight')
```

6.3　meshgrid 和 contours 函数

一个常见的任务是矩形上的标量函数的图形表示，如下所示：

$$f:[a,b]\times[c,d]\to\mathbb{R}$$

为此，首先必须在矩形 $[a, b]\times[c, d]$ 上生成一个网格，这可以通过使用 meshgrid 命令来实现，如下所示：

```
n = ... # number of discretization points along the x-axis
m = ... # number of discretization points along the x-axis
X,Y = meshgrid(linspace(a,b,n), linspace(c,d,m))
```

X 和 Y 是形状为（n, m）的数组，比如 $X[i,j]$, $Y[i,j]$ 包含图 6.6 所示的网格点坐标 $P_{i,j}$。

通过 meshgrid 离散的矩形将用于对迭代行为进行可视化，但首先要用它来绘制函数的等值线，这可以通过命令 contour 实现。

选择 rosenbrock 函数（香蕉函数）作为示例：

$$f(x,y)=(1-x)^2+100(y-x^2)^2$$

以上函数用于挑战优化方法。函数值向香蕉形山谷的方向下降，其本身也缓慢下降到该函数的全局最小坐标值（1,1）。

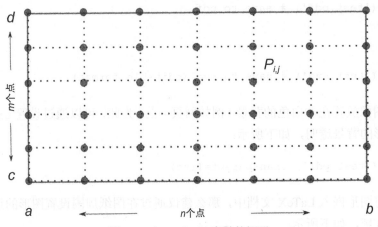

图 6.6 由 meshgrid 离散的矩形

首先使用 contour 函数来展示等值线，代码如下所示：

```
rosenbrockfunction = lambda x,y: (1-x)**2+100*(y-x**2)**2
X,Y = meshgrid(linspace(-.5,2.,100), linspace(-1.5,4.,100))
Z = rosenbrockfunction(X,Y)
contour(X,Y,Z,logspace(-0.5,3.5,20,base=10),cmap='gray')
title('Rosenbrock Function: ')
xlabel('x')
ylabel('y')
```

这将以第四个参数给出的值为标准来绘制等高线并使用 gray 颜色绘图。此外，我们还使用了对数间隔从 $10^{0.5}$ 到 10^3 的步长（其等值通过使用 logscale 函数来定义），如图 6.7 所示。

在上述示例中，我们使用 lambda 关键字所表示的匿名函数来使代码变得简洁。有关匿名函数的概念，我们将在第 7.7 节中具体介绍。如果没有为 contour 指定水平值参数，则该函数将会自己选择合适的水平值。

函数 contourf 与 contour 功能相同，但它会根据不同的水平值用不同的颜色来填充绘图。等值线图被视为用来对数值方法的行为进行可视化的最佳方式，这里通过展示优化方法的迭代来说明这一点。

继续前面的例子，并描述求解由鲍威尔方法生成的 rosenbrock 函数的最小值的步骤（见参考文献[27]），这些步骤将用来找到 rosenbrock 函数的最小值，如下所示：

```
import scipy.optimize as so
```

```
rosenbrockfunction = lambda x,y: (1-x)**2+100*(y-x**2)**2
X,Y=meshgrid(linspace(-.5,2.,100),linspace(-1.5,4.,100))
Z=rosenbrockfunction(X,Y)
cs=contour(X,Y,Z,logspace(0,3.5,7,base=10),cmap='gray')
rosen=lambda x: rosenbrockfunction(x[0],x[1])
solution, iterates = so.fmin_powell(rosen,x0=array([0,-0.7]),retall=True)
x,y=zip(*iterates)
plot(x,y,'ko') # plot black bullets
plot(x,y,'k:',linewidth=1) # plot black dotted lines
title("Steps of Powell's method to compute a minimum")
clabel(cs)
```

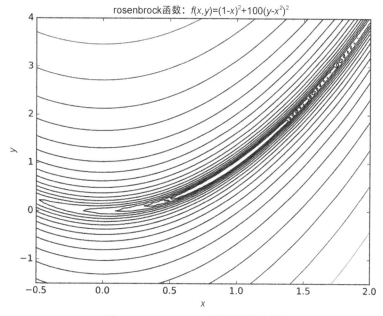

图 6.7　rosenbrock 函数的等值线图

迭代方法 fmin_powell 利用鲍威尔方法来寻找最小值，它由一个给定的起始值 x_0 开始，并且当给出选项 retall = True 时报告所有的迭代，经过 16 次迭代后得出 $x = 0$、$y = 0$ 的结论。迭代在以下等值线图（见图 6.8）中被描绘为着重号，如下所示：

contour 也可以创建一个等值线集对象（我们将其分配给了变量 cs），然后 clabel 使用该对象来注释对应函数值的水平值，如图 6.8 所示。

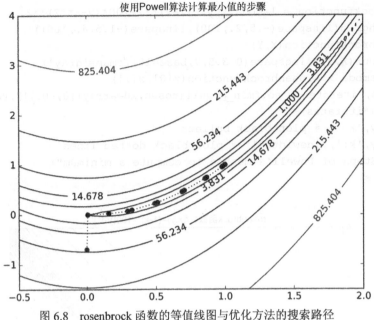

图 6.8 rosenbrock 函数的等值线图与优化方法的搜索路径

6.4 图像和等值线

来看一些将数组可视化为图像的例子，如下函数将为曼德布洛特分形（Mandelbrot Fractal）创建一个颜色值矩阵。这里考虑不动点迭代，其随复数参数 c 而定，如下所示：

$$z_{n+1} = z_n^2 + c \text{ 且 } z_0 = c \in \mathbb{C}$$

根据参数的选择，它可能会创建一个复数值 z_n 的有界序列，也可能不会。

对于 c 的每个值，都要检查 z_n 是否超过了规定的界限，如果它在 maxit 迭代内保持低于界限的值，就可以假定该序列是有界的。

注意，下面一段代码演示了如何通过 meshgrid 生成复数参数值 c 的矩阵：

```
def mandelbrot(h,w, maxit=20):
    X,Y = meshgrid(linspace(-2, 0.8, w), linspace(-1.4, 1.4, h))
    c = X + Y*1j
    z = c
    exceeds = zeros(z.shape, dtype=bool)

    for iteration in range(maxit):
```

```
        z = z**2 + c
        exceeded = abs(z) > 4
        exceeds_now = exceeded & (logical_not(exceeds))
        exceeds[exceeds_now] = True
        z[exceeded] = 2 # limit the values to avoid overflow
    return exceeds
```

```
imshow(mandelbrot(400,400),cmap='gray')
axis('off')
```

命令 imshow 将矩阵展示为图像,所选的颜色贴图显示了序列出现的白色无界的区域,而其他区域显示为黑色,如图 6.9 所示。这里使用了 axis('off') 来关闭坐标轴,因为它对于图像可能不是那么有用。

图 6.9 使用 imshow 将矩阵可视化为图像的示例

imshow 命令默认会使用插值来使图像看起来更好,这在矩阵较小时可以看得很清楚。图 6.10 展示了使用如下两个命令的区别,即

```
imshow(mandelbrot(40,40),cmap='gray')
```

和

```
imshow(mandelbrot(40,40), interpolation='nearest', cmap='gray')
```

在第二个示例中,我们只是复制了像素值,如下所示:

图 6.10 使用 imshow 的线性插值法与最近邻插值法的区别

有关用 python 进行图像处理和绘图的更多细节见参考文献[30]。

6.5 matplotlib 对象

截至目前，我们已经使用了 **matplotlib** 的 `pyplot` 模块，该模块可供用户直接使用最重要的绘图命令。大多数情况下，我们关心的是创建一个图形并将其立即展示出来，但有时如果要生成通过更改其属性来修改的图形，就需要用面向对象的方式来处理图形对象。本节将介绍一些用来修改图形的基本步骤。为了在 **Python** 中使用更为复杂的面向对象的方法来绘图，用户必须舍弃 `pyplot` 并直接使用拥有海量文档的 `matplotlib`。

6.5.1 坐标轴对象

创建一个需要稍后修改的绘图时，我们需要引用一个图形和坐标轴对象。为此，首先必须创建一个图形，然后在该图形中定义一些坐标轴以及这些坐标轴的位置，不要忘了将这些对象赋值给变量，如下所示：

```
fig = figure()
ax = subplot(111)
```

根据使用 `subplot` 的经验，一个图形可以有几个坐标轴对象。在第二步中，要将图形与给定的坐标轴对象相关联，如下所示：

```
fig = figure(1)
ax = subplot(111)
x = linspace(0,2*pi,100)
# We set up a function that modulates the amplitude of the sin function
```

```
amod_sin = lambda x: (1.-0.1*sin(25*x))*sin(x)
# and plot both...
ax.plot(x,sin(x),label = 'sin')
ax.plot(x, amod_sin(x), label = 'modsin')
```

这里使用了一个 lambda 关键字表示的匿名函数。稍后我们将在第 7.7 节中说明该结构。事实上，这两个绘图命令使用了两个 Lines2D 对象来填充列表 ax.lines，如下所示：

```
ax.lines #[<matplotlib.lines.Line2D at ...>, <matplotlib.lines.Line2D at
...>]
```

使用标签是一个很好的实践，以便我们以后能够用简单的方式来识别对象，如下所示：

```
for il,line in enumerate(ax.lines):
    if line.get_label() == 'sin':
        break
```

这样就构建了一些允许之后进一步修改的绘图。截至目前，所得到的图形如图 6.11（a）所示。

6.5.2 修改线条属性

我们只是通过其标签识别了特定的线条对象，它是索引为 il 的列表 ax.lines 中的一个元素，它的所有属性都收录在字典中：

```
dict_keys(['marker', 'markeredgewidth', 'data', 'clip_box',
'solid_capstyle', 'clip_on', 'rasterized', 'dash_capstyle', 'path',
'ydata', 'markeredgecolor', 'xdata', 'label', 'alpha', 'linestyle',
'antialiased', 'snap', 'transform', 'url',
'transformed_clip_path_and_affine', 'clip_path', 'path_effects',
'animated', 'contains', 'fillstyle', 'sketch_params', 'xydata',
'drawstyle', 'markersize', 'linewidth', 'figure', 'markerfacecolor',
'pickradius', 'agg_filter', 'dash_joinstyle', 'color', 'solid_joinstyle',
'picker', 'markevery', 'axes', 'children', 'gid', 'zorder', 'visible',
'markerfacecoloralt'])
```

这可以通过如下命令来获得：

```
ax.lines[il].properties()
```

它们可以通过相应的 setter 方法来更改。下面来更改正弦曲线的线条样式，如下所示：

```
ax.lines[il].set_linestyle('-.')
ax.lines[il].set_linewidth(2)
```

甚至可以修改数据，如下所示：

```
ydata=ax.lines[il].get_ydata()
ydata[-1]=-0.5
ax.lines[il].set_ydata(ydata)
```

结果如图 6.11（b）所示：

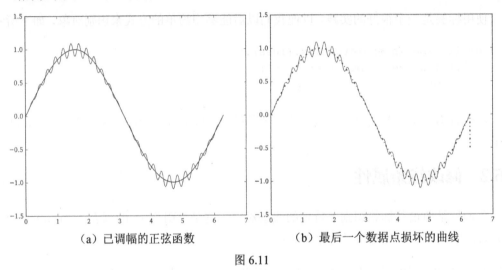

（a）已调幅的正弦函数　　　　　　（b）最后一个数据点损坏的曲线

图 6.11

6.5.3　注释

一个有用的坐标轴方法为 annotate，它会在给定位置和坐标点上设置注释，并用箭头指向图形中的另一个位置。可以在字典中为箭头给出属性，如下所示：

```
annot1=ax.annotate('amplitude modulated\n curve', (2.1,1.0),(3.2,0.5),
        arrowprops={'width':2,'color':'k',
'connectionstyle':'arc3,rad=+0.5',
                    'shrink':0.05},
        verticalalignment='bottom', horizontalalignment='left',fontsize=15,
                bbox={'facecolor':'gray', 'alpha':0.1, 'pad':10})
annot2=ax.annotate('corrupted data', (6.3,-0.5),(6.1,-1.1),
        arrowprops={'width':0.5,'color':'k','shrink':0.1},
        horizontalalignment='center', fontsize=12)
```

在上面的第一个注释示例中，箭头指向坐标为（2.1,1.0）的点（文本的左下坐标为（3.2,0.5））。如果没有另外指定，那么坐标会在便捷的数据（该数据指的是用于生成绘图的数据）坐标系中给出。

此外，我们还演示了一些由 arrowprop 字典所指定的箭头属性。可以使用 shrink 键来缩放箭头，将 shrink 设置为 0.05 即表示将箭头大小减小 5%，以保持与其指向的曲线的距离。你可以让箭头遵循样条弧形状或使用 connectionstyle 键给出其他形状。

文本属性或文本周围的边界框可以通过注释方法的额外关键字参数来完成，如图 6.12（a）所示。

在使用注释方法时，有时需要删除不想要的注释。因此，可以将注释对象分配给一个变量，这样就可以通过其 remove 方法来删除注释，如下所示：

```
annot1.remove()
```

6.5.4　曲线间的填充面积

填充是突出曲线间差异的理想工具，例如预期数据顶部的噪声、近似值与确切函数之间的差异等。

填充通过坐标轴方法来完成，如下所示：

```
ax.fill_between(x,y1,y2)
```

对于要用到的下一个图，如下所示：

```
axf = ax.fill_between(x, sin(x), amod_sin(x), facecolor='gray')
```

where 是一个非常便捷的参数，它需要一个布尔数组来指定额外的填充条件。

```
axf = ax.fill_between(x, sin(x), amod_sin(x),where=amod_sin(x)-sin(x) > 0,
facecolor='gray')
```

用来选择要填充的区域的布尔数组是 amod_sin（x）-sin（x）> 0。

图 6.12 展示了两种形式的具有填充区域的曲线。

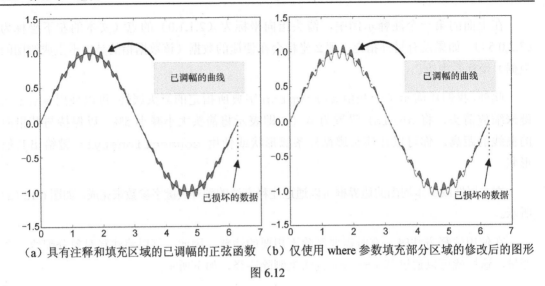

（a）具有注释和填充区域的已调幅的正弦函数　（b）仅使用 where 参数填充部分区域的修改后的图形

图 6.12

如果用户自行测试了这些命令，那么在尝试部分填充之前，不要忘记将完全填充删除，否则将看不到任何更改，如下所示：

```
axf.remove()
```

相关的填充命令有 `fill` 和 `fill_betweenx`。

6.5.5 刻度和刻度标签

如果在论坛、海报和出版物上出现的图形没有过量的、不必要的信息，那么这些图形看起来会更好——将观众引导向包含信息的部分。在下面的示例中，我们通过删除 x 轴和 y 轴的刻度以及引入与问题相关的刻度标签来简化图片：

```
ax.set_xticks(array([0,pi/2,pi,3/2*pi,2*pi]))
ax.set_xticklabels(('$0$','$\pi/2$','$\pi$','$3/2 \pi$','$2
\pi$'),fontsize=18)
ax.set_yticks(array([-1.,0.,1]))
ax.set_yticklabels(('$-1$','$0$','$1$'),fontsize=18)
```

注意，我们在字符串中用 LaTeX 格式来表示希腊字母、正确设置公式并使用 LaTeX 字体。增加字体大小也是一种很好的办法，这样生成的图形就可以缩小到文本文档中而不影响坐标轴的可读性。以上指导示例的最终结果如图 6.13 所示。

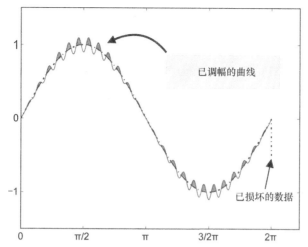

图 6.13　已调幅的正弦函数的完整示例（具有注释、填充区域及修改后的刻度和刻度标签）

6.6　绘制三维图

有一些非常有用的 matplotlib 工具包和模块，它们可用于各种特殊的用途。本节将介绍一种绘制三维图的方法。

mplot3d 工具包提供了点、线、等值线、曲面和所有其他基本组件以及三维旋转和缩放的三维绘图。可以通过将关键字 projection='3d' 应用到坐标轴对象上来实现三维绘图，示例如下：

```
from mpl_toolkits.mplot3d import axes3d

fig = figure()
ax = fig.gca(projection='3d')
# plot points in 3D
class1 = 0.6 * random.standard_normal((200,3))
ax.plot(class1[:,0],class1[:,1],class1[:,2],'o')
class2 = 1.2 * random.standard_normal((200,3)) + array([5,4,0])
ax.plot(class2[:,0],class2[:,1],class2[:,2],'o')
class3 = 0.3 * random.standard_normal((200,3)) + array([0,3,2])
ax.plot(class3[:,0],class3[:,1],class3[:,2],'o')
```

如上所示，需要从 mplot3d 模块中导入 axes 3D 类型，所得的图形展示了散点的三维数据图，如图 6.14 所示。

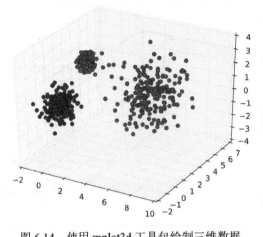

图 6.14　使用 mplot3d 工具包绘制三维数据

　　绘制曲面图也一样简单。下面的示例用内置函数 get_test_data 创建了用来绘制曲面的样本数据。试考虑如下具有透明度的曲面图的示例：

```
X,Y,Z = axes3d.get_test_data(0.05)

fig = figure()
ax = fig.gca(projection='3d')
# surface plot with transparency 0.5
ax.plot_surface(X,Y,Z,alpha=0.5)
```

alpha 值设置了透明度。曲面图如图 6.15 所示。

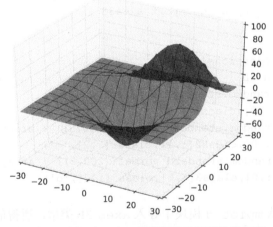

图 6.15　绘制具有 3 个二维投影的曲面网格的示例

还可以在任何一个坐标投影中绘制等值线，如下所示：

```
fig = figure()
ax = fig.gca(projection = '3d')
ax.plot_wireframe(X,Y,Z,rstride = 5,cstride = 5)

# plot contour projection on each axis plane
ax.contour(X,Y,Z, zdir='z',offset = -100)
ax.contour(X,Y,Z, zdir='x',offset = -40)
ax.contour(X,Y,Z, zdir='y',offset = 40)

# set axis limits
ax.set_xlim3d(-40,40)
ax.set_ylim3d(-40,40)
ax.set_zlim3d(-100,100)

# set labels
ax.set_xlabel('X axis')
ax.set_ylabel('Y axis')
ax.set_zlabel('Z axis')
```

注意用来设置坐标轴极限的命令。用来设置坐标轴极限的标准 matplotlib 命令为 axis([-40, 40, -40, 40])，这适用于二维图，但命令 axis([-40,40,-40,40,-40, 40]) 却不起作用。对于三维图，需要使用命令 ax.set_xlim3d(-40,40) 的面向对象版本以及其他类似命令。设置轴标签也是如此，要注意设置用于标签的命令。对于二维图，可以使用 xlabel('X axis') 和 ylabel('Y axis')，但没有 zlabel 命令；相反，在三维图中，需要使用 ax.set_xlabel('X axis') 以及其他类似命令，如上所示。

上述代码得到的图形如图 6.16 所示：

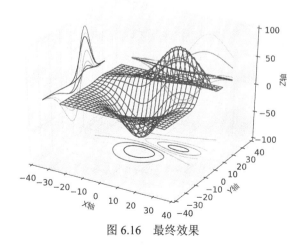

图 6.16 最终效果

有许多选项可用来设置绘图外观的格式，包括曲面的颜色和透明度。更多详细内容请参考 mplot3d 网站文档（见参考文献 [23]）。

6.7 用绘图制作电影

如果有不断演变的数据，除了将该数据在图形窗口展示以外（与 savefig 命令所能实现的结果类似），用户还可能希望将其保存为电影。方法之一便是使用 visvis 包提供的 visvis 模块（有关 visvis 的详细信息，见参考文献 [37]）。

如下是一个使用隐式表示法来实现圆形演变的简单示例。用一个函数 $f: \mathbb{R}^2 \rightarrow \mathbb{R}$ 的零点 $\{x: f(x) = 0\}$ 来表示一个圆。或者，考虑零集中的磁盘 $\{x: f(x) \leqslant 0\}$，如果 f 的值以速率 v 不断减小，则圆圈将会以速率 $v/\|\nabla f\|$ 向外扩展。

这可以通过如下代码实现：

```
import visvis.vvmovie as vv

# create initial function values
x = linspace(-255,255,511)
X,Y = meshgrid(x,x)
f = sqrt(X*X+Y*Y) - 40 #radius 40

# evolve and store in a list
imlist = []
for iteration in range(200):
    imlist.append((f>0)*255)
    f -= 1 # move outwards one pixel
vv.images2swf.writeSwf('circle_evolution.swf',imlist)
```

上述代码的结果是一个不断扩大的黑色圆（*.swf 文件），如图 6.17 所示。

图 6.17 圆演变示例

在该示例中，我们使用了数组列表来创建电影。visvis 模块还可以保存 GIF 动画，并且在某些平台上还可以保存为 AVI 动画（*.gif 和 *.avi 文件），甚至可以直接从图形窗口捕获电影画面。但是,如果要使用这些方法,都需要在系统上安装更多的包(例如 PyOpenGL 和 PIL<全称 Python Imaging Library,即 Python 图像处理库>)。有关更多详细信息,请参阅 visvis 网站上的文档。

另一个可选方案是使用 savefig 来创建图像,每一个画面使用一次,如下所示:

```
# create initial function values
x = linspace(-255,255,511)
X,Y = meshgrid(x,x)
f = sqrt(X*X+Y*Y) - 40 #radius 40
for iteration in range(200):
    imshow((f>0)*255)
    gray()
    axis('off')
    savefig('circle_evolution_{:d}.png'.format(iteration))
    f -= 1
```

然后就可以使用标准视频编辑软件(例如 Mencoder 或 ImageMagick)来组合这些图像,这种方法的优点是可以通过保存高分辨率的图像来制作高分辨率的视频。

6.8 小结

图形表示法是呈现数学结果或算法行为的最简洁形式。本章提供了用于绘图的基本工具,并介绍了更为复杂的使用面向对象的方式来处理图形对象(如图形、轴和线条)的方法。

在本章中,你已经学习了如何绘图,不仅是经典的 x/y 图,还有三维图和直方图。我们还初步尝试了如何制作电影。你还学习了如何将绘图视为可设置、可删除或者可修改的具有相关方法和属性的图形对象来对其进行修改。

6.9 练习

练习 1 编写一个绘制椭圆的函数,给定其中心坐标 (x, y),半轴 a 和 b 旋转角度为 θ。

练习 2 编写一个二维数组的简短程序,例如前面的 Mandelbrot 等值线图像,并迭代地将每个值替换为其相邻值的平均值。在图形窗口中更新数组的等值线图，将等值线的演变制作成动画，并解释该行为。

练习 3   考虑一个 $N \times N$ 的矩阵或具有整数值的图像，如下映射是将环面方形网格点映射到自身上的示例：

$$I : (x, y) \mapsto (2x + y, x + y) \bmod N$$

这有一个有趣的属性，其通过剪切来扭曲图像，然后使用 modulu 函数 mod 将图像外部的部分移动回来。反复地应用会导致以最终返回原始图像的方式来对图像进行随机化处理。实现如下序列：

$$I^{(m+1)}(x, y) = I^{(m)}(2x + y \bmod N, x + y \bmod N)$$

并将前 N 个步骤保存到文件或在图形窗口中绘制它们。

可以用 scipy.misc 的经典 512×512 Lena 测试图像作为示例。

```
from scipy.misc import lena
I = lena()
```

结果应该看起来像这样：

计算 x 和 y 映射并使用数组索引来复制像素值（有关数组索引的详细信息请参见第 5.3 节）。

练习 4   阅读和绘制图像。SciPy 附带了用于读取图像的 imread 函数（在 scipy.misc 模块中）（见第 12.6 节）。编写一个简短的能从文件中读取图像的程序，并以叠加在原始图像上的给定灰度值来绘制图像的等值线。

可以通过对颜色通道进行平均来获得图像的灰度版本，如 mean (im, axis = 2)。

练习 5 图像边缘。2D 拉普拉斯算子的零交点是图像边缘的良好指示。修改上一个练习中的程序以使用 scipy.ndimage 模块中的 gaussian_laplace 或 laplace 函数来计算 2D 拉普拉斯算子并覆盖图像顶部的边缘。

练习 6 使用 orgid 而不是 meshgrid 来重新表示 Mandelbrod 分形示例（见第 6.4 节），另请参见第 5.5.3 节中的 ogrid 说明。orgid、mgrid 和 meshgrid 之间有什么不同点？

第 7 章
函数

本章将介绍编程语言中的基本组成模块函数,将展示定义函数、处理函数的输入/输出、正确使用函数以及将函数视为对象的方法。

7.1 基本原理

在数学中,函数被写作映射,在该映射中,对于定义域 D 中的每个元素 x,在实数集 R 中都有唯一的元素 y 与之相对应。

可表示为 $f: D \to R$。

此外,对于特定元素 x 和 y 而言,我们可以写为 $f: x \to y$。

这里把 f 称为函数的名称,把 $f(x)$ 称为函数取 x 时的函数值。x 有时被称作函数 f 的参数。在考虑 Python 中的函数之前,先来看一个例子:

例如,定义域 $D = \mathbb{R} \times \mathbb{R}$ 且 $y = f(x_1, x_2) = x_1 - x_2$。该函数将两个实数映射为它们的差。

在数学中,函数可以将数字、向量、矩阵,甚至其他函数作为其参数。下面是一个具有混合参数的函数示例:

$$I(f, a, b) = \int_a^b f(x)x$$

这种情况下,函数将返回一个数字。使用函数时,必须弄清如下两个不同的步骤。

- 函数的定义。

- 函数的求值,即计算给定变量 x 的函数值 $f(x)$。

第一个步骤执行一次，而第二个步骤可以使用各种参数执行多次。编程语言中的函数遵循同样的理念，并将其应用于更广泛类型的输入参数，例如字符串、列表或任何对象。下面通过给出的示例再次说明函数的定义：

```
def subtract(x1, x2):
    return x1 - x2
```

关键词 def 表示要定义一个函数，subtract 是函数的名称，x1 和 x2 是该函数的参数。冒号表示正在使用一个块命令且函数的返回值放在 return 关键词的后面。现在可以执行这个函数。通过输入实参来替换形参完成函数的调用：

```
r = subtract(5.0, 4.3)
```

计算结果为 0.7，并将其赋值给了变量 r。

7.2　形参和实参

在定义函数时，它的输入变量被称为函数的形参，而执行函数时的输入变量被称为实参。

7.2.1　参数传递——通过位置和关键字

再次考虑上述示例，其中函数有两个形参，即 x1 和 x2。

这两个形参的名称用于区分两个数字，在这种情况下，这两个数字在不改变结果的情况下是不能互换的。第一个参数定义了需要减去第二个参数的数字。当调用函数 subtract 时，每个形参都被实参所取代，只有实参的顺序是重要的，实参可以是任意对象。例如，可以调用如下代码：

```
z = 3
e = subtract(5,z)
```

除了通过位置传递参数来调用函数这种标准方法之外，有时候也可以使用关键字来便捷地传递参数，参数的名称是关键字。例如以下示例：

```
z = 3
e = subtract(x2 = z, x1 = 5)
```

在这里的函数调用中，实参通过名称赋值给形参而不是通过位置。两种调用方式可以组合起来，以便首先通过位置给出实参，然后通过关键词给出实参。我们将通过 plot 函数来展示该过程，这在第 6 章中有所展示：

```
plot(xp, yp, linewidth = 2,label = 'y-values')
```

7.2.2 更改实参

实参的作用是为函数提供必要的输入数据，更改函数内部的实参值通常不会影响函数外部的实参值，示例如下：

```
def subtract(x1, x2):
    z = x1 - x2
    x2 = 50.
    return z
a = 20.
b = subtract(10, a)    # returns -10
a      # still has the value 20
```

这适用于所有不可变的参数，如字符串、数字和元组。如果是可变参数（如列表或字典）发生改变，情况就会有所不同。

例如，将可变参数传递给函数并在函数内部将其改变，那么函数外部也会发生改变。示例如下：

```
def subtract(x):
    z = x[0] - x[1]
    x[1] = 50.
    return z
a = [10,20]
b = subtract(a)   # returns -10
a      # is now [10, 50.0]
```

该函数滥用其参数来返回结果。强烈建议读者不要使用这样的结构，且不要更改函数内部的输入实参（有关更多详细信息请参见 7.2.4 节）。

7.2.3 访问本地命名空间之外定义的变量

Python 允许函数访问在其任意封闭程序单元中定义的变量，这些变量被称为全局变量（与局部变量相对），后者只能在函数内访问。例如，考虑如下代码：

```
import numpy as np # here the variable np is defined
```

```
def sqrt(x):
    return np.sqrt(x) # we use np inside the function
```

该功能不可滥用。以下代码是有关"什么不该做"的示例：

```
a = 3
def multiply(x):
    return a * x # bad style: access to the variable a defined outside
```

当更改变量 a 时，函数 multiply 将悄悄地改变其行为：

```
a=3
multiply(4) # returns 12
a=4
multiply(4) # returns 16
```

在这种情况下，通过参数列表用变量来提供形参会更好：

```
def multiply(x, a):
    return a * x
```

全局变量在使用闭包时会非常有用。关于命名空间和作用域的更多内容，我们将在第 11 章中进行详细讨论。

7.2.4 默认参数

有些函数可能有很多形参，其中一些只在非标准情况下有用。如果实参可以自动地设置为标准（默认）值，这将会很实用。我们通过查看 scipy.linalg 模块中的命令 norm 来演示默认参数的用法，其用于计算矩阵和向量的各种范数。

以下代码片段用于计算 3×3 单位矩阵的**弗罗贝尼乌斯范数**（Frobenius norm）是等效的（有关更多矩阵范数的相关信息，见参考文献[10]）：

```
import scipy.linalg as sl
sl.norm(identity(3))
sl.norm(identity(3), ord = 'fro')
sl.norm(identity(3), 'fro')
```

注意，在第一次调用中没有给出任何有关 ord 关键字的信息。Python 是如何知道它应该计算弗罗贝尼乌斯范数，而不是其他范数（比如欧几里得 2 范数<Euclidean 2-norm>）

的呢？

上述问题的答案是使用默认值。默认值是定义函数时已经给出的值。如果在不提供该参数的情况下调用函数，Python 将使用程序员在定义函数时所提供的值。

假设只用一个参数来调用函数 subtract，将得到错误信息，如下所示：

```
TypeError: subtract() takes exactly 2 arguments (1 given)
```

为了能省略参数 x2，在定义函数时必须指定一个默认值，例如：

```
def subtract(x1, x2 = 0):
    return x1 - x2
```

总而言之，参数可以由位置参数和关键字参数来给出。首先必须给出所有的位置参数，只要那些省略的参数在函数定义中有默认值，就不必提供所有的关键字参数。

注意可变默认参数

默认参数是在定义函数时设置的。使用可变数据类型的参数作为默认参数时，如果更改函数内部的可变类型参数，则会产生副作用，例如：

```
def my_list(x1, x2 = []):
    x2.append(x1)
    return x2
my_list(1) # returns [1]
my_list(2) # returns [1,2]
```

7.2.5 可变参数

列表和字典可用来定义或调用参数个数可变的函数。下面定义一个列表和字典，如下所示：

```
data = [[1,2],[3,4]]
style = dict({'linewidth':3,'marker':'o','color':'green'})
```

然后可以使用星标（*）参数来调用 plot 函数，如下所示：

```
plot(*data,**style)
```

以*为前缀的变量名称（例如上述示例中的*data）是指提供了在函数调用中解包的列表。这样一来，列表就会产生位置参数。类似地，以**为前缀的变量名称（如上述示例中的**style）是指将字典解包为关键词参数，如图 7.1 所示。

若要将所有给定的位置参数都打包到列表中，并将所有关键词参数在传递到函数时都打包到字典中，则可能需要采用反向的步骤。

在函数定义中，这分别由前缀为*和**的参数表示，* args 和** kwargs 参数经常出现在代码文档中，如图 7.2 所示，具体如下所示：

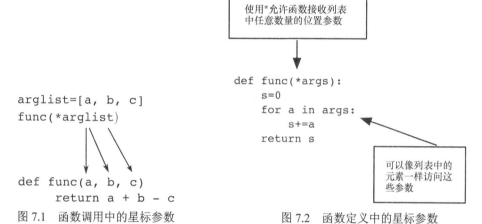

图 7.1 函数调用中的星标参数 | 图 7.2 函数定义中的星标参数

7.3 返回值

Python 中的函数总是返回单个对象。如果一个函数必须返回多个对象，那么这些对象将被打包并作为一个元组对象返回。

例如，如下函数值为复数 z，根据欧拉公式将其极坐标表示返回为极轴 r 和极角 φ：

$$z = r^{i\varphi}$$

相应的 Python 代码如下所示：

```
def complex_to_polar(z):
    r = sqrt(z.real ** 2 + z.imag ** 2)
    phi = arctan2(z.imag, z.real)
    return (r,phi) # here the return object is formed
```

这里使用 NumPy 函数 sqrt(x)来计算数字 x 的平方根，使用 arctan2(x,y)函数来计算表达式 tan^{-1}(x/y)。

下面来测试一下所设计的函数：

```
z = 3 + 5j # here we define a complex number
a = complex_to_polar(z)
r = a[0]
phi = a[1]
```

最后 3 行语句可以用更优雅的方式写成一行，如下所示：

```
r,phi = complex_to_polar(z)
```

可以通过调用 polar_to_comp 来测试函数，具体请参考练习 1。

如果函数没有 return 语句，则会返回 None。在很多情况下，函数不需要返回任何值，这可能是因为传递给函数的变量可能会有所修改。例如，考虑如下函数：

```
def append_to_list(L, x):
    L.append(x)
```

上述函数没有返回任何值，因为它修改了给出的参数对象中的其中一个。我们在第 7.2 节中已经说明了为什么这种方法是有用的。有许多方法的表现方式是相同的，这里只提及列表方法，如 append、extend、reverse 和 sort 方法不返回任何值（即返回 None）。当通过这种方法来修改对象时，修改被称为原位修改。除了通过查看代码或文档，很难知道一个方法是否改变了某个变量的值。

打印信息或写入文件是函数或方法不返回任何值的另一个原因。

代码的执行在 return 语句第一次出现时便停止，该语句之后的行都是"僵尸"代码，它们永远都不会被执行：

```
def function_with_dead_code(x):
    return 2 * x
    y = x ** 2 # these two lines ...
    return y # ... are never executed!
```

7.4 递归函数

在数学中，许多函数是用递归定义的。本节将介绍如何在编写函数时使用递归的概念，这使得程序与其数学对应关系非常清楚，还可以提高程序的可读性。

不过，请谨慎使用该编程技术，特别是在科学计算中。在大多数应用中，越直接的迭代方法越有效。以下示例很清楚地说明了这一点。

切比雪夫多项式（Chebyshev Polynomials）由三项递归定义，如下所示：

$$T_n(x) = 2xT_{n-1}(x) - T_{n-2}(x)$$

这样的递归需要被初始化为 $T_0(x) = 1, T_1(x) = x$。

在 Python 中，该三项递归可以通过以下函数定义来实现：

```python
def chebyshev(n, x):
    if n == 0:
        return 1.
    elif n == 1:
        return x
    else:
        return 2. * x * chebyshev(n - 1, x)
                    - chebyshev(n - 2 ,x)
```

该函数的调用方式如下：

```python
chebyshev(5, 0.52) # returns 0.39616645119999994
```

该示例还说明了大量浪费计算时间的风险。函数求值的次数随递归水平呈指数增长，并且大多数求值只是先前计算的重复。虽然使用递归程序来演示代码和数学定义之间的强关系可能非常诱人，但是生产代码将会避免这种编程技术（参考练习 6）。我们还参考了一种称为 memoization 的技术（更多详细信息见参考文献 [22]），它将递归编程与缓存技术相结合以保存重复函数求值。

递归函数通常会有一个能级（level）参数，在上述示例中，该参数为 n，其用于控制函数的两个主要部分。

- 这里的基本情况是前两个 if 分支。

- 递归体，其中使用了更小的能级参数一次或多次调用函数本身。

执行递归函数传递的能级次数称为递归深度。这个数不应该太大，否则计算可能不再有效，极限情况下将会引发如下错误：

```
RuntimeError: maximum recursion depth exceeded
```

最大递归深度取决于使用的计算机的内存容量。当函数定义中缺少初始化步骤时也会出现上述错误。我们鼓励对非常小的递归深度使用递归程序（有关更多详细信息，请参见第 9.8 节）。

7.5 函数文档

开发者应该在开始时使用字符串来记录函数，这叫作文档字符串：

```
def newton(f, x0):
    """
    Newton's method for computing a zero of a function
    on input:
    f (function) given function f(x)
    x0 (float) initial guess
    on return:
    y (float) the approximated zero of f
    """

    ...
```

调用函数 help（newton）时，可以将该文档字符串与函数的调用一起进行展示：

```
Help on function newton in module __main__:

newton(f, x0)
    Newton's method for computing a zero of a function
    on input:
    f  (function) given function f(x)
    x0 (float) initial guess
    on return:
    y  (float) the approximated zero of f
```

文档字符串内部保存为给定函数的 __doc__ 属性，在上述示例中，该属性为 newton.__doc__。在文档字符串中，应该提供的最少信息是函数的目的以及输入输出对象的描述。有一些工具可以通过收集程序中的所有文档字符串来自动生成完整的代码文档（更多详细信息见参考文献 [32]）。

7.6 函数是对象

就像 Python 中的其他概念一样，函数也是对象。可以将函数作为参数传递，也可以更改其名称或者删除它们。例如：

```
def square(x):
    """
    Return the square of x
    """
    return x ** 2
square(4) # 16
sq = square # now sq is the same as square
sq(4) # 16
del square # square doesn't exist anymore
print(newton(sq, .2)) # passing as argument
```

在科学计算中应用算法时，将函数作为参数传递是非常常见的。最典型的例子是 `scipy.optimize` 中用来计算给定函数零点的函数 `fsolve` 以及 `scipy.integrate` 中用来计算积分的函数 `quad`。

函数本身可以拥有许多不同类型的参数。所以，将函数 `f` 传递给另一个函数 `g` 作为参数时，请确保函数 `f` 的格式完全符合函数 `g` 的文档字符串中所描述的格式。

`fsolve` 的文档字符串给出了有关 `func` 参数的信息，如下所示：

```
func -- A Python function or method which takes at least one
                (possibly vector) argument.
```

偏函数应用

下面从一个双变量函数的例子开始。

函数 $(\omega, t) \mapsto f(\omega, t) = \sin(2\pi\omega t)$ 可以被视为一个双变量函数。通常情况下，将 ω 视为 f_ω 函数族的固定参数，而不是自由变量：

$$t \mapsto f_\omega(t) = \sin(2\pi\omega t)$$

对于给定的参数值 ω，这种解释将两个变量中的函数简化为一个变量 t。这一通过固定（冻结）函数的一个或多个参数来定义新函数的过程称为部分应用程序。

偏函数可以使用 Python 模块 `functools` 来轻松创建，该模块为实现这个目的提供了一个名为 `partial` 的函数。下面通过构造一个以给定频率返回正弦的函数来说明这一点：

```
import functools
def sin_omega(t, freq):
    return sin(2 * pi * freq * t)
```

```
def make_sine(frequency):
    return functools.partial(sin_omega, freq = frequency)
```

使用闭包

利用函数也是对象的观点，可以通过编写一个返回新函数的函数来实现偏函数，返回的新函数拥有更少的输入参数。例如，该函数可以定义如下：

```
def make_sine(freq):
    "Make a sine function with frequency freq"
    def mysine(t):
        return sin_omega(t, freq)
    return mysine
```

在这个例子中，内部函数 mysine 可以访问变量 freq，它既不是该函数的局部变量，也不会通过参数列表传递给函数。Python 允许这样的函数构造（见第 11.1 节）。

7.7　匿名函数——lambda 关键字

关键字 lambda 在 Python 中用来定义匿名函数（即没有名称且由单个表达式所描述的函数）。开发者可能只想对能够用简单表达式来表示的函数执行操作，而不想对函数进行命名或是通过冗长的 def 块来定义该函数。

 名称 lambda 源于微积分和数学逻辑的一个特殊分支 λ-微积分。

例如，为了计算如下表达式，可以使用 SciPy 库的函数 quad，需要进行积分运算的函数作为其第一个参数，积分范围作为其接下来的两个参数：

$$\int_0^1 x^2 + 5x$$

这里进行积分运算的函数只是一个简单的线性函数，可以使用 lambda 关键字来定义它：

```
import scipy.integrate as si
si.quad(lambda x: x ** 2 + 5, 0, 1)
```

lambda 语法如下：

```
lambda parameter_list: expression
```

lambda 函数的定义只能由单个表达式组成，尤其是不能包含循环。像其他函数一样，lambda 函数也可以作为对象分配给变量：

```
parabola = lambda x: x ** 2 + 5
parabola(3) # gives 14
```

lambda 结构总是可替换

需要注意的重要一点是，lambda 结构只是 Python 中的语法糖。任何 lambda 结构都可以用一个显式定义函数来替换：

```
parabola = lambda x: x**2+5
# the following code is equivalent
def parabola(x):
    return x ** 2 + 5
```

使用 lambda 结构的主要原因是对非常简单的函数进行完整的定义非常麻烦。

继续我们前面演示的示例，lambda 函数提供了制作闭包的第三种途径。

我们可以使用 sin_omega 函数来计算各种频率的正弦函数的积分：

```
import scipy.integrate as si
for iteration in range(3):
    print(si.quad(lambda x: sin_omega(x, iteration*pi), 0, pi/2.) )
```

7.8 装饰器

在第 7.6 节的"偏函数应用"处，我们已经学习了如何用一个函数来修改另一个函数。装饰器是 Python 中的语法元素，它可以在不改变函数本身定义的情况下很方便地变更函数的行为。

假设有一个用来确定矩阵稀疏度的函数，如下所示：

```
def how_sparse(A):
    return len(A.reshape(-1).nonzero()[0])
```

如果没有使用作为输入的数组对象来调用该函数，则会返回错误。更准确地说，它不能与没有实现 reshape 方法的对象一起使用。例如，how_sparse 函数不能与列表一起使用，因为列表没有 reshape 方法。以下辅助函数使用了一个输入参数来修改任意函数，以便它尝试对数组进行类型转换：

```
def cast2array(f):
    def new_function(obj):
        fA = f(array(obj))
        return fA
    return new_function
```

因此，修改后的函数 how_sparse = cast2array（how_sparse）可以应用于任何能够转换为数组的对象。如果使用类型转换函数来装饰 how_sparse 的定义，则会实现相同的功能。我们建议你可以考虑 functools.wraps（更多详细信息见参考文献[8]）：

```
@cast2array
def how_sparse(A):
    return len(A.reshape(-1).nonzero()[0])
```

要定义一个装饰器，需要一个可调用对象，例如用于修改待装饰函数定义的函数。其主要目的如下：

- 通过将不直接用于函数功能的部分与函数分开来增加代码的可读性（如 memoizing）。
- 将功能类似的函数族的常见函数序和函数跋放在同一个位置（如类型检验）。
- 为了能够轻松地关闭和使用函数的其他功能（如测试打印、跟踪）。

7.9 小结

函数不仅是将程序进行模块化的理想工具，还体现了数学思维。至此，读者已经学习了定义函数的语法，并能够区分函数的定义和函数的调用。

我们将函数视为可以被其他函数修改的对象。在使用函数时，熟悉变量范围的概念以及数据是如何通过参数传递给函数是非常重要的。

有时，使用所谓的匿名函数临时定义函数非常方便，为此，我们引入了关键字 lambda。

7.10 练习

练习 1 编写一个有两个参数 r 和 φ，并返回复数 $z = r^{i\varphi}$ 的函数 polar_to_comp。使用 NumPy 函数 exp 作为指数函数。

练习 2 在 Python 模块 functools 的描述中（有关 functools 的更多详细内容，请参考原版注释 [8]），你会发现如下 Python 函数：

```
def partial(func, *args, **keywords):
    def newfunc(*fargs, **fkeywords):
        newkeywords = keywords.copy()
        newkeywords.update(fkeywords)
        return func(*(args + fargs), **newkeywords)
    newfunc.func = func
    newfunc.args = args
    newfunc.keywords = keywords
    return newfunc
```

请解释并测试该函数。

练习 3 为函数 how_sparse 编写一个装饰器，使得其可以通过将小于 1.e-16 的元素设置为零来清理输入矩阵 A（见第 7.8 节）。

练习 4 连续函数 f（其中 $f(a)f(b) < 0$）在区间 $[a, b]$ 上改变其符号，并且在该区间上至少有一个根（0），这样的根可以用二等分法找到，该方法从给定的区间开始，然后再调查子区间的符号变化，

$$\left[a, \frac{a+b}{2}\right], \left[\frac{a+b}{2}, b\right]$$

如果第一个子区间中的符号发生改变，则 b 被重新定义为：

$$b := \frac{a+b}{2}$$

否则，就会以相同的方式重新定义为：

$$a := \frac{a+b}{2}$$

重复该过程直到 $b-a$ 小于给定的公差。

- 将该方法作为函数（该函数作为参数）来实现如下：

- 函数 f。

- 初始区间 $[a, b]$。

- 公差。

- 函数 bisec 应返回最后的区间及其中点。

- 使用函数 arctan 以及区间[1.1,1.4]或[1.3,1.4]中的多项式 $f(x) = 3x^2-5$ 来测试该方法。

练习 5 可以使用由如下递归函数描述的欧几里得算法来计算两个整数的最大公约数：

$$\gcd(a,b) = \begin{cases} a & b = 0 \\ \gcd(b, a, \mathrm{mod}\ b) & 其他 \end{cases}$$

编写一个用来计算两个整数的最大公约数的函数，并编写另一个使用如下所示的关系来计算这些数字的最小公倍数的函数：

$$\mathrm{lcm}(a,b) = \frac{|ab|}{\gcd(a,b)}$$

练习 6 研究切比雪夫多项式的递归实现，参考第 7.4 节的示例。以非递归方式重新编写程序，并研究计算时间与多项式的复杂度（参见 timeit 模块）。

第 8 章
类

在数学中，编写正弦函数 sin 时提到一个数学对象，因此我们从初等微积分中了解了很多方法，例如：

- 我们可能想要计算 $x = 0.5$ 时的 $\sin x$ 的值，即计算 $\sin(0.5)$，其将返回一个实数。

- 我们可能想要计算其导数，将得到另一个数学对象 cos。

- 我们可能想要计算其泰勒多项式（Taylor polynomial）的前 3 个系数。

这些方法不仅可以应用于正弦函数 sin，而且可以应用于其他足够平滑的函数。然而，这些方法对于其他数学对象（例如，数字 5）没有任何意义。具有相同方法的对象（比如函数）在抽象类中会分在一组。能够应用于函数的每个语句和每种方法尤其适用于 sin 或 cos。这种类的其他示例可能是一个有理数，其中存在分母和分子方法：一个具有左右边界方法的区间，或是一个我们可以询问其是否是有限的无限序列等。

在这种情况下，sin 被称为类的一个实例。数学用语 Let g be a function···在该上下文中称为实例化。这里的 g 是函数的名称，可以分配给它的许多属性之一。另一个属性可能是其域。

数学对象 $p(x) = 2x^2 - 5$ 就像正弦函数。每个函数方法适用于 p，但是我们也可以为 p 定义特殊方法。例如，我们可能会要求 p 的系数。这些方法可以用来定义多项式类。由于多项式是函数，它们还继承了函数类的所有方法。

在数学中，我们经常将相同的运算符用于完全不同的运算。例如，运算符+在 $5 + 4$ 和 $\sin + \cos$ 中的含义是不同的。我们可以尝试通过使用相同的运算符来表达数学运算的相似之处。我们通过将其应用于数学示例，从面向对象编程中引入了如下术语。

- 类

- 实例和实例化

- 继承

- 方法

- 属性

- 运算符重载

本章将展示在 Python 中如何使用这些概念。

8.1 类的简介

本节将用有理数的示例来说明类的概念，也就是形式为 $q=q_N/q_D$ 的数字，其中 q_N 和 q_D 为整数。

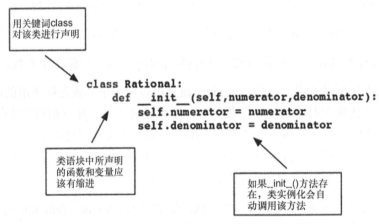

图 8.1 类声明示例

这里我们只使用了有理数作为类概念的示例。对于将来在 Python 中的有理数的工作，我们可以使用 fractions 模块（见参考文献[6]）。

8.1.1 类语法

类的定义由具有 class 关键词的块命令、类的名称和块中的一些语句（见图 8.1）组成：

```python
class RationalNumber:
    pass
```

该类的实例（换句话说，类型为 RationalNumber 的对象）由如下方式创建：

```
r = RationalNumber()
```

查询 type(a) 返回答案 <class'__ main __.RationalNumber'>。如果想调查一个对象是否为该类的实例，可以使用如下所示的方法：

```
if isinstance(a, RationalNumber):
    print('Indeed it belongs to the class RationalNumber')
```

截至目前，已经生成了一个还没有数据的 RationalNumber 类型的对象。

8.1.2 __init__方法

现在要为示例类提供一些属性，即为其提供定义数据。在例子中，该数据将是分母和分子的值。为此，必须定义一个方法 __init__，用于初始化具有这些值的类，如下所示：

```
class RationalNumber:
    def __init__(self, numerator, denominator):
        self.numerator = numerator
        self.denominator = denominator
```

在说明添加到类中的特殊 __init__ 函数之前，要展示 RationalNumber 对象的实例化：

```
q = RationalNumber(10, 20)   # Defines a new object
q.numerator   # returns 10
q.denominator   # returns 20
```

类型 RationalNumber 的新对象是通过使用类名称来创建的，就像它是一个函数一样。这个语句执行了如下两个操作。

- 首先创建了一个空对象 q。

- 然后其将 __init__ 函数应用到该空对象，即执行 q .__ init __(10, 20)。

__init__ 的第一个参数是指新对象本身。在函数调用中，其第一个参数被对象的实例所替代。这不仅适用于特殊方法 __init__，也适用于类的所有方法。第一个参数的特殊作用体现在将其命名为 self 的惯例上。在上述示例中，__init__ 函数定义了新对象的两个属性，分别为 numerator 和 denominator。

8.2 属性和方法

使用类的主要原因之一是对象可以组合在一起并绑定到一个共同对象上。当看到有理数时，我们已经看到了这一点。分母和分子是绑定到 RationalNumber 类的实例的两个对象，它们被称为实例的属性。从对象引用的方式来看，"对象是类实例的属性"这一事实显而易见，我们以前是默认使用它：

```
<object>.attribute
```

以下是实例化和属性引用的一些示例：

```
q = RationalNumber(3, 5) # instantiation
q.numerator    # attribute access
q.denominator

a = array([1, 2])    # instantiation
a.shape

z = 5 + 4j    # instantiation
z.imag
```

一旦定义了一个实例，就可以设置、更改或删除该特定实例的属性。语法与用于正则变量的语法相同：

```
q = RationalNumber(3, 5)
r = RationalNumber(7, 3)
q.numerator = 17
del r.denominator
```

更改或删除属性可能会有不希望有的副作用，甚至可能使对象无效，我们将在第 8.2.2 节中进一步说明。由于函数也是对象，也可以使用函数作为属性，它们被称为实例的方法，如下所示：

```
<object>.method(<arguments...>)
```

例如，将一个方法添加到将数字转换为浮点数的类 RationalNumber 中，如下所示：

```
class RationalNumber:
    ...
```

```
    def convert2float(self):
        return float(self.numerator) / float(self.denominator)
```

该方法将其作为自己的第一个（而且是唯一的）参数 self 对对象本身的引用。我们使将该方法与正则函数调用一起使用：

```
q = RationalNumber(10, 20)    # Defines a new object
q.convert2float() # returns 0.5
```

这相当于以下调用：

```
RationalNumber.convert2float(q)
```

再次注意，对象实例被作为函数的第一个参数插入，第一个参数的使用解释了如果这个特定的方法与其他参数一起使用会出现的错误消息：

q.convert2float（15）调用会引发错误消息：

```
TypeError: convert2float() takes exactly 1 argument (2 given)
```

这不起作用的原因是 q.convert2float（15）正好等价于 RationalNumber.convert2float(q, 15)，因为 RationalNumber.convert2float 只需要一个参数，所以会失败。

8.2.1 特殊方法

__repr__的特殊方法使我们能够定义对象在 Python 解释器中的表示方式。对于有理数，该方法的可能定义如下：

```
class RationalNumber:
...
    def __repr__(self):
        return '{} / {}'.format(self.numerator,self.denominator)
```

使用该定义方法，只要输入 q 就会返回 10/20。

我们想要一个能够执行两个有理数的加法的方法。第一次尝试可能会得到如下方法：

```
class RationalNumber:
...
    def add(self, other):
```

```
        p1, q1 = self.numerator, self.denominator
        if isinstance(other, int):
            p2, q2 = other, 1
        else:
            p2, q2 = other.numerator, other.denominator
        return RationalNumber(p1 * q2 + p2 * q1, q1 * q2)
```

调用此方法采取以下形式：

```
q = RationalNumber(1, 2)
p = RationalNumber(1, 3)
q.add(p)    # returns the RationalNumber for 5/6
```

如果可以编写 q + p 会更好。但截至目前还没有为 RationalNumber 类型定义加号，这是通过使用 __add__ 特殊方法来完成的。所以，只需要将 add 重命名为 __add__ 就能够将加号用于有理数，如下所示：

```
q = RationalNumber(1, 2)
p = RationalNumber(1, 3)
q + p # RationalNumber(5, 6)
```

表达式 q + p 实际上是表达式 q .__ add __(p) 的别名。表 8.1 列出了二进制运算符的特殊方法，如+、-或*。

表 8.1　　一些 Python 运算符和相应的类方法（完整版见参考文献[31]）

运算符	方法	运算符	方法
+	__add__	+=	__iadd__
*	__mul__	*=	__imul__
-	__sub__	-=	__isub__
/	__truediv__	/=	__itruediv__
//	__floordiv__	//=	__ifloordiv__
**	__pow__		
==	__eq__	!=	__ne__
<=	__le__	<	__lt__
>=	__ge__	>	__gt__
()	__call__	[]	__getitem__

这些用于新类的运算符的实现被称为运算符重载。运算符重载的另一个例子是用于检验两个有理数是否相同的方法，如下所示：

```
class RationalNumber:
...
    def __eq__(self, other):
        return self.denominator * other.numerator ==
            self.numerator * other.denominator
```

其使用如下：

```
p = RationalNumber(1, 2) # instantiation
q = RationalNumber(2, 4) # instantiation
p == q # True
```

属于不同类的对象之间的运算需要特别注意：

```
p = RationalNumber(1, 2) # instantiation
p + 5 # corresponds to p.__add__(5)
5 + p # returns an error
```

默认情况下，+运算符调用左操作数的方法__add__。我们将其编程以便其同时适用于类型为 int 和 RationalNumber 的对象。在语句 5 + p 中减去操作数并调用内置 int 类型的__add__方法。因为该方法不知道如何处理有理数，因此将返回错误消息。这种情况可以通过方法__radd__来处理，我们现在使用其来装配 RationalNumber 类。方法 __radd__ 称为反向加法。

反向运算

如果像+这样的运算被应用于两个不同类型的操作数，则首先调用左操作数的相应方法（在这种情况下为__add__）。如果引发异常，则调用右操作数的反向方法（即__radd__）。如果该方法不存在，则会引发 TypeError 异常。

下面考虑一个反向运算的示例。为了启动运算 $5 + p$（其中 p 是 RationalNumber 的一个实例），作如下定义：

```
class RationalNumber:
    ....
    def __radd__(self, other):
        return self + other
```

注意，`__radd__` 会交换参数的顺序；`self` 是类型 RationalNumber 的对象，而 other 则是必须转换的对象。

使用一个类实例与括号（,）或[,]调用一个特殊方法 `__call__` 或 `__getitem__`，给实例一个函数或迭代的行为（这些和其他特殊方法请参见表 8.1）：

```
class Polynomial:
...
    def __call__(self, x):
        return self.eval(x)
```

现在可以使用如下：

```
p = Polynomial(...)
p(3.) # value of p at 3.
```

如果类提供了一个迭代器，那么 `__getitem__` 特殊方法是有意义的。（在阅读如下示例之前，建议参见第 9.3 节）。

递归 $u_{i+1}=a_1u_i+a_0u_{i-1}$ 称为三项递归，其在应用数学中起着重要的作用，特别是在正交多项式的构建中。可以通过如下方式建立一个三项递归作为一个类：

```
import itertools

class Recursion3Term:
    def __init__(self, a0, a1, u0, u1):
        self.coeff = [a1, a0]
        self.initial = [u1, u0]
    def __iter__(self):
        u1, u0 = self.initial
        yield u0 # (see also Iterators section in Chapter 9)
        yield u1
        a1, a0 = self.coeff
        while True :
            u1, u0 = a1 * u1 + a0 * u0, u1
            yield u1
    def __getitem__(self, k):
        return list(itertools.islice(self, k, k + 1))[0]
```

`__iter__` 方法在这里定义了一个生成器对象，使得我们可以使用类的实例作为迭代器：

```
r3 = Recursion3Term(-0.35, 1.2, 1, 1)
```

```
for i, r in enumerate(r3):
    if i == 7:
        print(r) # returns 0.194167
        break
```

__getitem__方法能够直接访问迭代，就像 r3 是一个列表一样：

```
r3[7] # returns 0.194167
```

注意，在对__getitem__方法进行编码时，我们使用了 itertools.islice（有关更多信息，请参见第 9.3 节）。使用__getitem__、切片和函数 ogrid 的示例在第 5.5.3节中给出。

8.2.2 彼此依赖的属性

实例的属性可以简单地通过为其赋值来改变（或创建）。然而，如果其他属性取决于刚刚更改的属性，则需要同时更改这些属性。

试考虑一个从 3 个给定点定义平面三角形对象的类。首次尝试创建这样的类可能如下：

```
class Triangle:
    def __init__(self, A, B, C):
        self.A = array(A)
        self.B = array(B)
        self.C = array(C)
        self.a = self.C - self.B
        self.b = self.C - self.A
        self.c = self.B - self.A
    def area(self):
        return abs(cross(self.b, self.c)) / 2
```

此三角形的实例由如下方法创建：

```
tr = Triangle([0., 0.], [1., 0.], [0., 1.])
```

其面积计算如下：

```
tr.area() # returns 0.5
```

如果更改一个属性，如点 B，相应的边 a 和 c 不会自动更新，并且计算的面积是错误的，如下所示：

```
tr.B = [12., 0.]
tr.area() # still returns 0.5, should be 6 instead.
```

一种补救的方法是定义一个在属性更改时执行的方法，这种方法称为 setter 方法。对应地，我们可能也需要在求属性的值时执行的方法，这种方法称为 getter 方法。

性能函数

函数 property 将一个属性链接到 getter、setter 以及 deleter 方法中。它也可能用于将文档字符串分配给属性，如下所示：

```
attribute = property(fget = get_attr, fset = set_attr,
                     fdel = del_attr, doc = string)
```

继续使用 setter 方法的上述示例，并再次考虑 Triangle 类。如果以下语句包含在 Triangle 中：

```
B = property(fget = get_B, fset = set_B, fdel = del_B, doc = 'The point
B of a triangle')
```

一个命令：

```
tr.B = <something>
```

调用 setter 方法 set_B。

下面来修改 Triangle 类：

```
class Triangle:
    def __init__(self, A, B, C):
        self._A = array(A)
        self._B = array(B)
        self._C = array(C)
        self._a = self._C - self._B
        self._b = self._C - self._A
        self._c = self._B - self._A
    def area(self):
        return abs(cross(self._c, self._b)) / 2.
    def set_B(self, B):
        self._B = B
        self._a = self._C - self._B
        self._c = self._B - self._A
```

```
    def get_B(self):
        return self._B
    def del_Pt(self):
        raise Exception('A triangle point cannot be deleted')
    B = property(fget = get_B, fset = set_B, fdel = del_Pt)
```

如果属性 B 被更改，则方法 set_B 将新值存储在内部属性_B 中，并更改所有依赖属性，如下所示：

```
tr.B = [12., 0.]
tr.area() # returns 6.0
```

这里使用 deleter 方法的方式是防止删除属性：

```
del tr.B # raises an exception
```

使用下画线作为属性名称的前缀是用于指示不被设计为直接访问的属性的约定。它们旨在保存由 setter 和 getter 处理的属性的数据。这些属性在其他编程语言的意义上不是私有的，它们也不是直接访问的。

8.2.3 绑定和未绑定方法

本节将仔细研究一些方法的属性。考虑如下示例：

```
class A:
    def func(self,arg):
        pass
```

少量检验则展示了创建实例后 func 的性质如何变化，如下所示：

```
A.func # <unbound method A.func>
instA = A() # we create an instance
instA.func # <bound method A.func of ... >
```

例如，调用 A.func(3) 将导致出现如下错误消息：

```
TypeError: func() missing 1 required positional argument: 'arg'
```

instA.func(3) 按预期执行。创建实例后，func 方法被绑定到实例。self 参数获取分配为其值的实例。将方法绑定到实例使该方法可用作一个函数。在此之前，这是没有用的。在这方面类方法是不同的，我们将在稍后讨论。

8.2.4 类属性

在类声明中指定的属性称为类属性。请考虑以下示例：

```
class Newton:
    tol = 1e-8 # this is a class attribute
    def __init__(self,f):
        self.f = f # this is not a class attribute
    ....
```

类属性对于模拟默认值很有用，如果必须重置值，就可以使用它，如下所示：

```
N1 = Newton(f)
N2 = Newton(g)
```

两个实例都有一个属性 tol，其值在类定义中被初始化，如下所示：

```
N1.tol # 1e-8
N2.tol # 1e-8
```

更改类属性会自动影响所有实例相对应的属性：

```
Newton.tol = 1e-10
N1.tol # 1e-10
N2.tol # 1e-10
```

改变一个实例的属性 tol 不影响另一个实例：

```
N2.tol = 1.e-4
N1.tol # still 1.e-10
```

但是现在 N2.tol 与类属性分离了，更改 Newton.tol 将不再对 N2.tol 有任何影响，如下所示：

```
Newton.tol = 1e-5 # now all instances of the Newton classes have 1e-5
N1.tol # 1.e-5
N2.tol # 1e-4 but not N2.
```

8.2.5 类方法

我们在第 8.2.3 节中看到了如何将方法绑定到类的实例或作为未绑定的方法保持一种

状态。类方法是不同的，其总是绑定方法并被绑定在类本身。

本节将首先说明语法细节，然后给出一些示例来说明这些方法的用途。要指明一个方法是类方法，则装饰器行在方法定义之前：

```
@classmethod
```

虽然一般方法通过使用其第一个参数来引用一个实例，但是类方法的第一个参数是引用该类的本身。按照约定，第一个参数被称为 self（用于标准方法）和 cls（用于类方法）。

- 一般方法的情况如下：

```
class A:
    def func(self,*args):
        <...>
```

- 类方法的情况如下：

```
class B:
    @classmethod
    def func(cls,*args):
        <...>
```

实际上，类方法对于在创建实例之前执行命令可能是有用的，比如在预处理步骤中，请参见如下示例。

在该示例中，我们介绍了在创建实例之前如何使用类方法来准备数据：

```
class Polynomial:
    def __init__(self, coeff):
        self.coeff = array(coeff)
    @classmethod
    def by_points(cls, x, y):
        degree = x.shape[0] - 1
        coeff = polyfit(x, y, degree)
        return cls(coeff)
    def __eq__(self, other):
        return allclose(self.coeff, other.coeff)
```

该类被设计为通过指定其系数来创建多项式对象。或者，by_points 类方法允许通过插值点定义多项式。即使没有多项式的实例，也可以将插值数据转换为多项式系数，如下所示：

```
p1 = Polynomial.by_points(array([0., 1.]), array([0., 1.]))
p2 = Polynomial([1., 0.])

print(p1 == p2) # prints True
```

在本章稍后的一个示例中我们给出了类方法的另一个例子。在该示例中，我们使用了类方法来访问与该类中的几个（或全部）实例相关的信息。

8.3 子类和继承

本节将介绍一些面向对象编程的核心概念：抽象类、子类和继承。为了引导读者理解这些概念，先考虑另一个数学示例：求解微分方程的一步法。一般初值问题的常用形式如下：

$$x'(t) = f(x(t),t) \ \ x(0) = x_0 \ \ t \in [t_0, t_e]$$

数据是右边的函数 f、初值 x_0 和目的区间 $[t_0, t_e]$。这个问题的解法是函数 $x : [t_0, t_e] \to \mathbb{R}$。数值算法将此解法作为近似于 $x(t_i)$ 的离散值 u_i 的向量 u。$t_i \in [t_0, t_e]$ 和 $t_i = t_{i-1} + h$ 在这里是自变量 t 的离散值，在物理模型中通常代表时间。

一步法通过递归步骤构建 u_i 值的解法，如下所示：

$$u_{i+1} = u_i + h\Phi(f, u_i, t_i, h)$$

这里，Φ 是描述各个方法的步骤函数（见参考文献 [28]）。

- **显性欧拉**：$\Phi(f, u_i, t_i, h) = f(u_i, t_i)$

- **中点规则**：$\Phi(f, u_i, t_i, h) = f\left(u_i + \dfrac{h}{2}f(u_i), t_i + \dfrac{h}{2}\right)$

- **龙格-库塔法 4**：$\Phi(f, u_i, t_i, h) = \dfrac{1}{6}(s_1 + 2s_2 + 2s_3 + s_4)$ 以及

$$s_1 = f(u_i, t_i) \ \ s_2 = f\left(u_i + \frac{h}{2}s_1, t_i + \frac{h}{2}\right) \ \ s_3 = f\left(u_i + \frac{h}{2}s_2, t_i + \frac{h}{2}\right) \ \ s_4 = f(u_i + s_3, t_i + h)$$

这是描述数学算法的典型方法。首先用它的观点描述了一种方法，以抽象的方式给出该方法的步骤。如果要实际使用它，则必须填写一个具体方法的参数，该示例中为函数 Φ。这也是在面向对象编程中解释事情的方式。首先要使用方法的抽象描述来创建一个类，如下所示：

```
class OneStepMethod:
```

```
    def __init__(self, f, x0, interval, N):
        self.f = f
        self.x0 = x0
        self.interval = [t0, te] = interval
        self.grid = linspace(t0, te, N)
        self.h = (te - t0) / N

    def generate(self):
        ti, ui = self.grid[0], self.x0
        yield ti, ui
        for t in self.grid[1:]:
            ui = ui + self.h * self.step(self.f, ui, ti)
            ti = t
            yield ti, ui

    def solve(self):
        self.solution = array(list(self.generate()))

    def plot(self):
        plot(self.solution[:, 0], self.solution[:, 1])

    def step(self, f, u, t):
        raise NotImplementedError()
```

这个抽象类及其方法用作各个方法的模板：

```
class ExplicitEuler(OneStepMethod):
    def step(self, f, u, t):
        return f(u, t)

class MidPointRule(OneStepMethod):
    def step(self, f, u, t):
        return f(u + self.h / 2 * f(u, t), t + self.h / 2)
```

注意，在类定义中，用作模板的抽象类的名称 OneStepMethod 作为一个额外的参数给出：

```
class ExplicitEuler(OneStepMethod)
```

该类称为父类。只要父类中的的所有方法和属性不被覆盖，其都会被子类继承。如果其在子类中重新定义，则会被覆盖。step 方法在子类中重新定义，而方法 generate 对于整个系列是通用的，因此从父代继承。在考虑更多细节之前，我们将展示如何使用这 3

个类，如下所示：

```
def f(x, t):
    return -0.5 * x

euler = ExplicitEuler(f, 15., [0., 10.], 20)
euler.solve()
euler.plot()
hold(True)
midpoint = MidPointRule(f, 15., [0., 10.], 20)

midpoint.solve()
midpoint.plot()
```

可以通过使用星号运算符来避免重复使用常用参数列表（更多详细信息参见第 7.2.5 节）：

```
...
argument_list = [f, 15., [0., 10.], 20]
euler = ExplicitEuler(*argument_list)
...
midpoint = MidPointRule(*argument_list)
...
```

注意，抽象类从未用于创建实例。由于 step 方法未完全定义，调用它会引发类型 NotImplementedError 的异常。

有时必须访问父类的方法或属性，可以使用命令 super 来完成。当子类使用自己的 __init__ 方法来扩展父项的 __init__ 时，这是有用的。

例如，假设要给每个求解器类一个具有求解器名称的字符串变量。为此，我们为求解器提供了 __init__ 方法，因为它覆盖了父类的 __init__ 方法。在使用这两种方法的情况下，必须通过命令 super 来引用父类方法：

```
class ExplicitEuler(OneStepMethod):
    def __init__(self,*args, **kwargs):
        self.name='Explicit Euler Method'
        super(ExplicitEuler, self).__init__(*args,**kwargs)
    def step(self, f, u, t):
        return f(u, t)
```

注意，可以明确使用父类的名称。使用 super 代替可以在不更改对父类的所有引用的情况下更改父类的名称。

8.4 封装

有时使用继承是不实际的，甚至是不可能的，这激发了封装的使用。我们将通过考虑 Python 函数来解释封装的概念，即将 Python 类型 `function` 的对象封装到一个新类 `Function` 并提供一些相关方法，如下所示：

```
class Function:
    def __init__(self, f):
        self.f = f
    def __call__(self, x):
        return self.f(x)
    def __add__(self, g):
        def sum(x):
            return self(x) + g(x)
        return type(self)(sum)
    def __mul__(self, g):
        def prod(x):
            return self.f(x) * g(x)
        return type(self)(prod)
    def __radd__(self, g):
        return self + g
    def __rmul__(self, g):
        return self * g
```

注意，`__add__` 和 `__mul__` 运算应返回同一个类的实例。这是通过 `return type(self)(sum)` 语句实现的，在这种情况下，这是一种更通用的编写 `return Function(sum)` 的形式。现在我们可以通过继承来派生子类：

考虑可以在区间[1，−1]中计算切比雪夫多项式的示例：

$$T_i(x) = \cos[i\arccos(x)]$$

构建切比雪夫多项式作为 `Function` 类的一个实例：

```
T5 = Function(lambda x: cos(5 * arccos(x)))
T6 = Function(lambda x: cos(6 * arccos(x)))
```

切比雪夫多项式就其意义而言是正交的：

$$\int_{-1}^{1} \frac{1}{\sqrt{1-x^2}} T_i(x) T_j(x) \mathrm{d}x = 0 \ \text{for} \ i \neq j$$

这可以很容易地使用这种结构来检查：

```
import scipy.integrate as sci

weight = Function(lambda x: 1 / sqrt((1 - x ** 2)))
[integral, errorestimate] =
        sci.quad(weight * T5 * T6, -1, 1) # (6.510878470473995e-17,
1.3237018925525037e-14)
```

没有封装乘法函数就连简单地编写 `weight * T5 * T6` 都是不可能的。

8.5　装饰器类

在第 7.8 节中，我们看到如何通过应用另一个函数作为装饰器来修改函数。在上述示例中我们看到，只要类被提供了 `__call__` 方法，就可以看到其如何作为函数来表现。我们将利用这一点来展示如何使用类作为装饰器。

假设要改变一些函数的行为，使得在调用函数之前，打印所有的输入参数。这可能对调试目的有用。下面以这种情况为例来说明装饰器类的使用：

```
class echo:
    text = 'Input parameters of {name}n'+
        'Positional parameters {args}n'+
        'Keyword parameters {kwargs}n'
    def __init__(self, f):
        self.f = f
    def __call__(self, *args, **kwargs):
        print(self.text.format(name = self.f.__name__,
            args = args, kwargs = kwargs))
        return self.f(*args, **kwargs)
```

使用这个类来装饰函数定义，如下所示：

```
@echo
def line(m, b, x):
    return m * x + b
```

并照常调用函数：

```
line(2., 5., 3.)
line(2., 5., x=3.)
```

在第二个调用中，获得如下输出：

```
Input parameters of line
Positional parameters (2.0, 5.0)
Keyword parameters {'x': 3.0}

11.0
```

此示例说明类和函数都可以用作装饰器。类允许更多的可能性，因为它们也可以用于收集数据。

的确，我们观察到以下现象。

- 每个装饰函数都会创建一个装饰器类的新实例。

- 一个实例收集的数据可以保存，并可以通过类属性访问另一个实例（见第 8.2.4 节）。

最后一点强调装饰器类与函数装饰器的区别。现在通过一个装饰器来展示这个函数。该装饰器对函数调用进行计数，并将结果存储在具有键的函数的字典中。

为了分析算法的性能，对特定函数的调用进行计数可能是有用的。可以在不更改函数定义的情况下获得计数器信息。该代码对参考文献 [4] 中给出的一个例子稍微进行了修改。

```python
class CountCalls:
    """
    Decorator that keeps track of the number of times
    a function is called.
    """
    instances = {}
    def __init__(self, f):
        self.f = f
        self.numcalls = 0
        self.instances[f] = self
    def __call__(self, *args, **kwargs):
        self.numcalls += 1
        return self.f(*args, **kwargs)
    @classmethod
    def counts(cls):
        """
```

```
Return a dict of {function: # of calls} for all
registered functions.
"""
return dict([(f.__name__, cls.instances[f].numcalls)
                       for f in cls.instances])
```

这里使用类属性 CountCalls.instances 来存储每个单独实例的计数器。来看这个装饰器的工作原理，如下所示：

```
@CountCalls
def line(m, b, x):
    return m * x + b
@CountCalls
def parabola(a, b, c, x):
    return a * x ** 2 + b * x + c
line(3., -1., 1.)
parabola(4., 5., -1., 2.)

CountCalls.counts() # returns {'line': 1, 'parabola': 1}
parabola.numcalls # returns 1
```

8.6 小结

现代计算机科学中最重要的编程概念之一是面向对象的编程。本章中介绍了如何将对象（我们提供了方法和属性）定义为类的实例。方法的第一个参数通常由 self 表示，起着重要和特殊的作用。本章还介绍了可以用于定义基本运算的方法（例如用于类的+和*）。

尽管其他编程语言可以保护属性和方法免受意外使用，但 Python 能够通过技术来隐藏属性，并通过特殊的 getter 和 setter 方法访问这些隐藏的属性。读者也由此了解了重要函数 property。

8.7 练习

练习 1 为 RationalNumber 类编写方法 simplify，该方法应该将分数的简化版本作为元组返回。

练习 2 为了给结果提供置信区间特殊运算，在计算数学中引入了所谓的区间运算（适用于[3,14]）。定义一个名为 Interval 的类，并提供用于加法、减法、除法、乘法和幂的方法（只有正整数）。这些运算遵循以下规则：

$$[a,b]+[c,d]=[a+c,b+d]$$

$$[a,b]\bullet[c,d]=[\min(a\bullet c,a\bullet d,b\bullet c,b\bullet d),\max(a\bullet c,a\bullet d,b\bullet c,b\bullet d)]$$

$$[a,b]/[c,d]=\left[\min\left(\frac{a}{c},\frac{a}{d},\frac{b}{c},\frac{b}{d}\right),\max\left(\frac{a}{c},\frac{a}{d},\frac{b}{c},\frac{b}{d}\right)\right]\quad 0\notin[c,d]$$

$$[a,b]^n=[a^n,b^n]$$

为该类提供允许类型为 $a+I$、aI、$I+a$、Ia 的操作的方法，其中 I 是一个区间，a 是一个整数或浮点数。首先，将整数或浮点数转换为区间[a, a]（提示：你可能需要使用装饰器函数，见第 7.8 节）。另外，实现 __contains__ 方法，这将使得你可以使用语法 x in I（用于类型区间的对象I）检查给定的数字是否属于该区间。通过将多项式 f = lambda x: 25 *x** 2-4 * x + 1 应用于区间来测试你的类。

练习 3　考虑第 8.5 节中的示例。扩展这个示例来获取一个函数装饰器，用来计算特定函数的调用频率。

练习 4　在 RationalNumber 类中比较两种用于实现反向加法 __radd__ 的方法：一种方法已经在第 8.2.1 节中给出，另一种方法如下所示：

```
class RationalNumber:
    ....
    def __radd__(self, other):
        return other + self
```

你觉得这个版本会错误吗？错误内容是什么？如何解释？通过执行如下代码来测试你的答案：

```
q = RationalNumber(10, 15)
5 + q
```

练习 5　考虑装饰器类 CountCalls，为该类提供一个方法 reset，该方法能够将字典 CountCalls.instances 中所有函数的计数器设置为 0。如果该字典被一个空字典代替，会发生什么？

第9章
迭代

本章将通过循环和迭代器来介绍迭代。我们将展示关于如何使用列表和生成器的示例。迭代是计算机有用的基础运算之一。通常情况下，迭代是通过 for 循环来实现的。for 循环是指将一个指令块重复一定的次数。在循环中，我们可以访问其中存储了迭代次数的循环变量。

Python 的术语略有不同。Python 中的 for 循环主要用于穷尽列表，即列举列表中的元素。如果使用包含前 n 个整数的列表，其效果类似于刚才描述的重复效果。

一个 for 循环一次只需要列表的一个元素，因此，使用能够根据需要逐个创建这些元素的对象的 for 循环是可取的，这是 Python 中迭代器所能实现的。

9.1 for 语句

for 语句的主要目的是遍历列表，如下所示：

```
for s in ['a', 'b', 'c']:
    print(s), # a b c
```

在上述示例中，循环变量 s 被连续分配给列表的一个元素。注意，循环变量在循环结束后可用，这在有些时候可以派上用场，比如，可以参考第 9.2 节中的示例。

for 循环最常见的用法之一是使用函数 range 来重复已定义次数的给定任务（见第 1.3.4 节）。

```
for iteration in range(n): # repeat the following code n times
    ...
```

如果循环的目的是遍历列表，许多语言（包括 Python）提供了如下模式：

```
for k in range(...):
    ...
    element = my_list[k]
```

如果该段代码的目的是遍历列表 my_list，上述代码将不能清楚地表达该目的。因此，更好的表达方式如下所示：

```
for element in my_list:
    ...
```

显然，上段代码遍历了 my_list 列表。注意，如果真的需要索引变量 k，则可以用以下代码替换上述代码：

```
for k, element in enumerate(my_list):
    ...
```

此段代码的目的是遍历 my_list 列表同时保持索引变量 k 可用。用于数组的类似结构是命令 ndenumerate。

9.2 控制循环内流程

有时需要跳出循环，或者直接进行下一个循环迭代，这两个操作可以通过 break 和 continue 命令来执行。break 关键字，如其名称所示，会中止循环。循环中止时可能会出现如下两种情况。

- 循环执行完毕。

- 循环在执行完毕之前中止（break）。

对于第一种情况，可以在 else 块中定义特殊动作，如果遍历整个列表，则执行该动作。如果 for 循环的目的是找到特定内容并中止，这通常是有用的。示例可能是搜索一个满足列表中某个特性的元素，如果没有找到这样的元素，则执行 else 块。

有一个科学计算中的常见用法。我们常常使用不能确保成功的迭代算法，在这种情况下，最好使用（大）有限循环，使得程序不会陷入无限循环，for/else 结构就能够实现上述效果，具体如下：

```
maxIteration = 10000
```

```
for iteration in range(maxIteration):
    residual = compute() # some computation
    if residual < tolerance:
        break
else: # only executed if the for loop is not broken
    raise Exception("The algorithm did not converge")
print("The algorithm converged in {} steps".format(iteration+1)
```

9.3 迭代器

for 循环主要用于遍历列表，但它一次只选择列表中的一个元素，尤其是不需要将整个列表存储在内存中，以便循环能够正常工作。for 循环在没有列表的情况下能够工作的机制是迭代器。

一个可迭代的对象生成对象（该对象要传递给 for 循环）。这样一个对象 obj 可以在 for 循环中使用，如下所示：

```
for element in obj:
    ...
```

因此迭代器的概念概括了列表的概念，一个有关可迭代对象的最简单的例子由列表给出，生成的对象只是存储在列表中的对象，如下所示：

```
L = ['A', 'B', 'C']
for element in L:
    print(element)
```

一个可迭代的对象不需要产生现有的对象。相反，对象可以在运行过程产生。

典型的迭代是函数 range 返回的对象，这个函数的作用就好像它会生成一个整数列表，相反，它是在需要的时候随机生成连续的整数，如下所示：

```
for iteration in range(100000000):
    # Note: the 100000000 integers are not created at once
    if iteration > 10:
        break
```

如果真的需要一个列表，其中所有整数介于 0 和 100 000 000 之间，那么必须明确表示如下：

```
l=list(range(100000000))
```

9.3.1 生成器

可以使用 yield 关键字创建自己的迭代器。例如，可以定义一个小于 n 的奇数的生成器：

```
def odd_numbers(n):
    "generator for odd numbers less than n"
    for k in range(n):
        if k % 2 == 1:
            yield k
```

然后就可以通过如下方式使用它：

```
g = odd_numbers(10)
for k in g:
    ... # do something with k
```

或者是如下所示的方式：

```
for k in odd_numbers(10):
    ... # do something with k
```

9.3.2 迭代器是一次性的

迭代器的一个显著特点是它们只能使用一次。为了再次使用迭代器，必须要创建一个新的迭代器对象。注意，可迭代对象能够根据需要多次创建新的迭代器。下面来看一个列表的情况：

```
L = ['a', 'b', 'c']
iterator = iter(L)
list(iterator) # ['a', 'b', 'c']
list(iterator) # [] empty list, because the iterator is exhausted

new_iterator = iter(L) # new iterator, ready to be used
list(new_iterator) # ['a', 'b', 'c']
```

每次调用生成器对象时，都会创建一个新的迭代器。因此，当迭代器耗尽时，必须再次调用生成器来得到一个新的迭代器，如下所示：

```
g = odd_numbers(10)
for k in g:
    ... # do something with k

# now the iterator is exhausted:
for k in g: # nothing will happen!!
    ...

# to loop through it again, create a new one:
g = odd_numbers(10)
for k in g:.
    ...
```

9.3.3 迭代器工具

这里有几个迭代器工具可以派上用场。

- enumerate 用于列举另一个迭代器。它生成一个新的能够产生对（迭代、元素）的迭代器，其中 iteration 存储迭代的索引，如下所示：

```
A = ['a', 'b', 'c']
for iteration, x in enumerate(A):
    print(iteration, x)
# result: (0, 'a') (1, 'b') (2, 'c')
```

- reversed 通过反向遍历一个列表，并从该列表中创建一个迭代器。请注意，这不同于创建一个反向的列表：

```
A = [0, 1, 2]
for elt in reversed(A):,
    print(elt)
    # result: 2 1 0
```

- itertools.count 是一个可能无限的整数迭代器：

```
for iteration in itertools.count():
    if iteration > 100:
        break # without this, the loop goes on forever
    print("integer {}".format(iteration))
    # prints the 100 first integer
```

- itertools.islice 使用熟悉的 slicing 语法来截断迭代器，请参见第 3.6 节。

一个应用程序正在从一个无限迭代器中创建有限迭代器，如下所示：

```
from itertools import count, islice
for iteration in islice(count(), 10):
    # same effect as range(10)
    ...
```

例如，通过将 `islice` 与无限生成器相结合来找到一些奇数。首先，修改用于奇数的发生器，使其成为无限生成器，如下所示：

```
def odd_numbers():
    k=-1
    while True:
        k+=1
        if k%2==1:
            yield k
```

然后使用 `islice` 来获取一些奇数的列表：

```
list(itertools.islice(odd_numbers(),10,30,8)) # returns [21, 37, 53]
```

9.3.4　递归序列的生成器

假定序列由诱导公式给出。例如，考虑由递归公式 $u_n = u_{n-1} + u_{n-2}$ 定义的斐波那契序列。

该序列取决于两个初始值，即 u_0 和 u_1，尽管用于标准斐波纳契序列，但这些数字分别取为 0 和 1。一个特别好的用来编制生成该序列的方法是使用生成器，如下所示：

```
def fibonacci(u0, u1):
    """
    Infinite generator of the Fibonacci sequence.
    """
    yield u0
    yield u1
    while True:
        u0, u1 = u1, u0+u1
        yield u1
```

然后就可以使用如下代码：

```
# sequence of the 100 first Fibonacci numbers:
list(itertools.islice(fibonacci(0, 1), 100))
```

算数—几何均值

基于迭代计算算术和几何方法的迭代称为 AGM 迭代（更多信息见参考文献[1]）：

$$a_{i+1} = \frac{a_i + b_i}{2},$$

$$b_{i+1} = \sqrt{a_i b_i}$$

当 $a_0 = 1$、$b_0 = \sqrt{1-k^2}$ 时，AGM 迭代就会具有吸引力的特性，如下所示：

$$\frac{\pi}{2} \lim_{i \to \infty} \frac{1}{a_i} = \int_0^{\frac{\pi}{2}} \frac{1}{\sqrt{1 - k^2 \sin^2(\theta)}} d\theta =: F(k, \pi/2)$$

右侧的积分称为第一类的完整椭圆积分。现在继续计算这个椭圆积分。使用生成器来描述迭代：

```
def arithmetic_geometric_mean(a, b):
    """
    Generator for the arithmetic and geometric mean
    a, b initial values
    """
    while True:   # infinite loop
        a, b = (a+b)/2, sqrt(a*b)
        yield a, b
```

由于序列 $\{a_i\}$ 是收敛的，由 $\{c_i\} = (a_i - b_i)/2$ 定义的序列 $\{c_i\}$ 收敛到 0，这个事实将用于终止程序中的迭代以计算椭圆积分：

```
def elliptic_integral(k, tolerance=1e-5):
    """
    Compute an elliptic integral of the first kind.
    """
    a_0, b_0 = 1., sqrt(1-k**2)
    for a, b in arithmetic_geometric_mean(a_0, b_0):
        if abs(a-b) < tolerance:
            return pi/(2*a)
```

开发者必须确保算法中止。注意，上述代码完全依赖于算术几何均值迭代收敛（fast）

的数学语句。在实际计算中，必须谨慎应用理论结果，因为它们在有限精度算术中可能不再有效。上述代码安全的正确方法是使用 `itertools.islice`。安全代码（见第 9.2 节中用于 `for` / `else` 语句的另一个典型用法的示例）如下所示：

```
from itertools import islice
def elliptic_integral(k, tolerance=1e-5, maxiter=100):
    """
    Compute an elliptic integral of the first kind.
    """
    a_0, b_0 = 1., sqrt(1-k**2)
    for a, b in islice(arithmetic_geometric_mean(a_0, b_0),
                                                 maxiter):
        if abs(a-b) < tolerance:
            return pi/(2*a)
    else:
        raise Exception("Algorithm did not converge")
```

作为应用程序，我们可以使用椭圆积分来计算从角度 θ 开始的长度为 L 的钟摆的周期（更多详细信息见参考文献 [18]），可以通过如下方式进行：

$$T = 4\sqrt{\frac{L}{g}}F\left(\sin\frac{\theta}{2}, \frac{\pi}{2}\right)$$

使用上述公式，便可以轻松获得钟摆的周期：

```
def pendulum_period(L, theta, g=9.81):
    return 4*sqrt(L/g)*elliptic_integral(sin(theta/2))
```

9.4　加速收敛

下面举一个应用生成器进行收敛加速的例子。该实例遵照了由 Pramode C.E 在《Python生成器技巧》（Python Generator Tricks）中给出的例子（更多详细信息见参考文献 [9]）。

注意，生成器可以采用另一个生成器作为输入参数。例如，假设我们已经定义了一个生成收敛序列元素的生成器，然后可以通过 Euler 和 Aitken 的加速技术（通常称为 Aitken 的 Δ^2 方法，见参考文献 [33]）来提高收敛。它通过定义如下内容将序列 s_i 转换为另一个序列：

$$s_i' := s_i - \frac{(s_{i+1} - s_i)^2}{s_{i+2} - 2s_{i+1} + s_i}$$

两个序列具有相同的限制，但序列 s_i' 显著加快。一个可能的实现如下：

```python
def Euler_accelerate(sequence):
    """
    Accelerate the iterator in the variable `sequence`.
    """
    s0 = next(sequence) # Si
    s1 = next(sequence) # Si+1
    s2 = next(sequence) # Si+2
    while True:
        yield s0 - ((s1 - s0)**2)/(s2 - 2*s1 + s0)
        s0, s1, s2 = s1, s2, next(sequence)
```

例如，使用如下经典系列：

$$S_N = \sum_{n=0}^{N} \frac{(-1)^n}{2n+1}$$

其向 $\pi/4$ 收敛。在下面的代码中将该系列作为生成器来实现：

```python
def pi_series():
    sum = 0.
    j = 1
    for i in itertools.cycle([1, -1]):
        yield sum
        sum += i/j
        j += 2
```

现在可以通过如下方式来使用序列的加速版本：

```python
Euler_accelerate(pi_series())
```

相应地，该加速序列的前 N 个要素可以通过如下方式获得：

```python
itertools.islice(Euler_accelerate(pi_series()), N)
```

例如，对于序列的标准版本（由上述公式及其加速版本定义）其错误日志的收敛速度如图 9.1 所示。

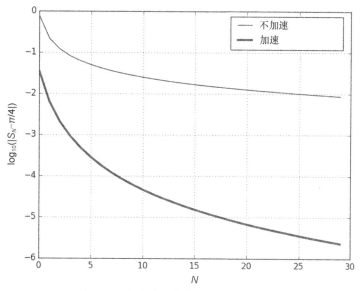

图 9.1 定义序列与其加速版本的比较

9.5 列表填充模式

本节将比较不同的填充列表的方法，它们的计算效率和代码可读性都不同。

9.5.1 使用 append 方法来填充列表

普遍的编程模式是计算元素并将其存储在列表中，如下所示：

```
L = []
for k in range(n):
    # call various functions here
    # that compute "result"
    L.append(result)
```

这种方法有如下诸多缺点。

- 迭代次数是事先决定好的。如果有 break 指令，则上述代码同时处理生成值并决定何时中止。这种方法不可取且缺乏灵活性。

- 这种方法假设了用户想要所有迭代计算的整个历史记录。例如，开发者只对所有计算值的总和感兴趣，如果有很多计算值，那么存储这些值是没有意义的，因为一次添加一个更有效率。

9.5.2 迭代器中的列表

迭代器提供了一个很棒的解决方案，如下所示：

```
def result_iterator():
    for k in itertools.count(): # infinite iterator
        # call various functions here
        # that compute "result"
        ...
        yield result
```

可以使用迭代器分离生成计算值的任务，而不用关心中止条件或存储。如果该代码的用户想要存储前 n 个值，则可以使用 list 构造函数轻松完成，如下所示：

```
L = list(itertools.islice(result_iterator(), n)) # no append needed!
```

如果用户想要前 n 个生成值的总和，则推荐使用如下结构：

```
# make sure that you do not use scipy.sum here
s = sum(itertools.islice(result_iterator(), n))
```

这里既要分离元素的生成，又要将这些元素存储起来。

如果目的是真正建立一个列表，并且当每个步骤的结果不依赖于先前计算的元素时，可以使用列表解析语法（更多信息请参见第 3.1 节）：

```
L = [some_function(k) for k in range(n)]
```

如果迭代计算取决于先前计算的值，则列表推导不起作用。

9.5.3 存储生成的值

大多数时候使用迭代器来填充列表的效果很好，但是当计算新值的算法有可能引发异常时，这种模式可能会比较复杂。如果迭代器一直引发异常，列表将不可用。以下示例解释了该问题。

假设通过 $u_{n+1} = u_n^2$ 生成了递归定义的序列。如果初始数据 u_0 大于 1，则此序列将迅速分散到无穷大。下面用生成器来生成它：

```
import itertools
def power_sequence(u0):
    u = u0
    while True:
        yield u
        u = u**2
```

如果尝试通过执行如下代码获取序列的前 20 个元素（由 $u_0 = 2$ 初始化）：

```
list(itertools.islice(power_sequence(2.), 20))
```

这将引发异常并且没有列表可用（甚至是没有异常引发之前的元素列表）。目前无法从可能有故障的生成器获取部分填充的列表，唯一的办法是使用包含在异常捕捉块中的附加方法（更多详细信息请参见第 10.1 节）：

```
generator = power_sequence(2.)
L = []
for iteration in range(20):
    try:
        L.append(next(generator))
    except Exception:
        ...
```

9.6 将迭代器作为列表使用

一些列表操作也适用于迭代器。本节将介绍与列表推导和列表压缩功能相同的方法，即生成器表达式和压缩迭代器（更多详细信息请参见第 3.1 节）。

9.6.1 生成器表达式

生成器相当于列表推导，如下结构称为生成器表达式：

```
g = (n for n in range(1000) if not n % 100)
# generator for 100, 200, ... , 900
```

这对于计算总和或产量特别有用，因为这些运算是可累加的，它们一次只需要一个元素：

```
sum(n for n in range(1000) if not n % 100) # returns 4500
```

可以看到，在该段代码中，sum 函数被赋予了一个参数，它是一个生成器表达式。注意，当使用生成器作为函数的唯一参数时，Python 语法允许忽略生成器的圆括号。

下面计算 Riemann zeta 函数 ζ，其表达式为：

$$\zeta(s) := \sum_{n=1}^{\infty} \frac{1}{n^s}$$

使用生成器表达式，可以在一行中计算该系列的部分和：

```
sum(1/n**s for n in itertools.islice(itertools.count(1), N))
```

注意，也可以将序列 $1/n^s$ 的生成器定义如下：

```
def generate_zeta(s):
    for n in itertools.count(1):
        yield 1/n**s
```

那么只需要通过如下方式获得前 N 个条目的总和：

```
def zeta(N, s):
    # make sure that you do not use the scipy.sum here
    return sum(itertools.islice(generate_zeta(s), N))
```

需要说明的是，这种计算 zeta（ζ）函数的方法是以优雅的方式演示生成器的用法。当然，这并非用来评估此函数最准确的方法，也并非计算效率最高的方法。

9.6.2   压缩迭代器

我们在第 3 章中看到，可以通过将两个列表压缩在一起来创建一个列表。迭代器也有同样的操作：

```
xg = x_iterator() # some iterator
yg = y_iterator() # another iterator

for x, y in zip(xg, yg):
    print(x, y)
```

一旦迭代器耗尽，压缩迭代器就会中止。这与列表的压缩操作相同。

9.7 迭代器对象

如前所述，for 循环只需要一个可迭代的对象，尤其是列表是可迭代的。这意味着列表能够通过内容创建一个迭代器。实际上，"任何对象均可迭代"对于任何对象（不仅仅是列表）均为真。

这是通过 __iter__ 方法来实现的，该方法返回一个迭代器。这里给出一个例子，其中 __iter__ 方法是一个生成器：

```
class OdeStore:
    """
    Class to store results of ode computations
    """
    def __init__(self, data):
        "data is a list of the form [[t0, u0], [t1, u1],...]"
        self.data = data

    def __iter__(self):
        "By default, we iterate on the values u0, u1,..."
        for t, u in self.data:
            yield u

store = OdeStore([[0, 1], [0.1, 1.1], [0.2, 1.3]])
for u in store:
    print(u)
# result: 1, 1.1, 1.3
list(store) # [1, 1.1, 1.3]
```

如果尝试使用具有不可迭代的对象的迭代器的函数，将会引发异常：

```
>>> list(3)
TypeError: 'int' object is not iterable
```

在这个示例中，列表函数通过调用 __iter__ 方法来尝试遍历对象 3，但是这种方法不是为整数而实现的，因此引发了异常。如果试图循环一个非迭代对象，那么也会发生这种情况，如下所示：

```
>>> for iteration in 3: pass
TypeError: 'int' object is not iterable
```

9.8　无限迭代

无限迭代可以通过无限迭代器、while 循环或递归获得。显然，在实际情况下，有些情况会中止迭代。无限迭代与有限迭代的区别在于，其不可能通过粗略检查代码来说明迭代是否中止。

9.8.1　while 循环

while 循环可以用于重复代码块直到满足条件：

```
while condition:
    <code>
```

while 循环等效于以下代码：

```
for iteration in itertools.count():
    if not condition:
        break
    <code>
```

所以一个 while 循环相当于一个无限迭代器，如果满足一个条件，它可能会被中止。这种结构的风险是显而易见的：如果条件从未满足，则代码可能会陷入无限循环。

科学计算中的问题是我们并不总是确定算法会收敛。例如，牛顿迭代可能不会收敛。如果该算法在 while 循环内实现，相应的代码将会在一个无限循环中被捕捉，用于初始条件的某些选择。

因此，有限迭代器通常更适合这样的任务。如下结构通常能够有利地替代 while 循环的使用：

```
maxit = 100
for nb_iterations in range(max_it):
    ...
else:
    raise Exception("No convergence in {} iterations".format(maxit))
```

第一个优点是无论发生什么事情，代码都能在有限的时间内执行。第二个优点是变量 nb_iterations 包含算法收敛所需的迭代次数。

9.8.2 递归

函数调用自身时会发生递归（见第 7.4 节）。

在执行递归时，递归深度（即迭代次数）将使你的计算机达到极限。下面通过考虑简单的递归来证明这一点，其实际上根本不包含任何计算，它只为迭代赋值为 0：

```
def f(N):
    if N == 0:
        return 0
    return f(N-1)
```

根据你的系统，该程序可能会阻塞 $N \geqslant 10\,000$（占用的内存太多）。结果是 Python 解释器在没有进一步出现异常的情况下崩溃。当检测到过高的递归深度时，Python 提供了一种引发异常的机制。这个最大递归深度可以通过执行如下代码来改变：

```
import sys
sys.setrecursionlimit(1000)
```

递归限制的实际值可以通过 sys.getrecursionlimit() 获得。

注意，选择太大的数字可能会危及你的代码的稳定性，因为在达到最大深度之前，Python 可能会崩溃，因此通常情况下明智的做法就是让递归限制保持不变。

相比之下，如下非递归程序运行了数百万次迭代，但没有任何问题：

```
for iteration in range(10000000):
    pass
```

我们主张在可能的情况下 Python 应该避免递归。这显然仅适用于可用的替代迭代算法。第一个原因是深度 N 的递归涉及 N 个函数调用，这可能会导致很大的开销。第二个原因是它是一个无限的迭代，也就是说，在递归结束之前很难给出必要步骤的上限。

注意，在某些非常特殊的情况下（树遍历），递归是不可避免的。此外，在某些情况下（递归深度较小），考虑到可读性，递归程序可能是首选。

9.9 小结

本章研究了迭代器，这是一种非常接近迭代方法的数学描述的编程结构。此外，本章还介绍了 yield 关键字以及有限和无限迭代器。

本章展示了迭代器可以用尽这一事实，还借助示例介绍并演示了更多特殊的方面，如迭代器理解和递归迭代器。

9.10　练习

练习 1　计算求和值：

$$\sum_{i=1}^{200}\frac{1}{\sqrt{i}}$$

练习 2　创建一个用来计算由如下关系定义的序列的生成器：

$$u_n = 2u_{n-1}$$

练习 3　生成所有偶数。

练习 4　使得 $s_n := \left(1+\dfrac{1}{n}\right)^{2n}$，在微积分中显示 $\lim_{n\to\infty} s_n = \mathrm{e}^2$。通过实验确定最小的数字 n，使得 $\left|s_n - \mathrm{e}^2\right| < 10^{-5}$。请为该任务使用一个生成器。

练习 5　使用称为埃拉托色尼筛选法（Sieve of Eratosthenes）的算法，生成小于给定整数的所有素数。

练习 6　通过应用显式欧拉方法求解微分方程会得到如下递归：

$$u_{n+1} = u_n - h\sin u_n$$

编写一个生成器，为给定的初始值 u_0 和时间步长值 h 计算求解值 u_n。

练习 7　使用如下公式计算π：

$$\pi = \int_0^1 \frac{4}{1+x^2} x$$

积分可以使用复合梯形规则进行模拟，即通过以下公式进行：

$$\int_a^b f(x)\,x \approx \frac{h}{2}(f(a)+f(b)) + h\sum_{i=1}^{n-1} f(x_i)，\text{其中 } x_i = a+ih；h = \frac{b-a}{n}$$

为值 $y_i = f(x_i)$ 编写一个生成器，并通过前后两项相加求和来计算公式。将结果与 SciPy

的 quad 函数进行比较。

练习 8 令 $x = [1,2,3]$，$y = [-1, -2, -3]$。代码 zip（* zip（x，y））的结果是什么？解释其工作原理。

练习 9 完整的椭圆积分可以通过函数 scipy.special.ellipk 来计算。编写一个函数，使得该函数能够计算 AGM 迭代所需的迭代次数，直到结果达到给定的公差（注意，ellipk 中的输入参数 m 对应于"算术几何平均"一节定义中的 k^2）。

练习 10 考虑由如下内容定义的序列：

$$E_n := \int_0^1 x^n e^{x-1} dx\,;\, n = 1, 2, \cdots$$

它单调收敛为 0：$E_1 > E_2 > \cdots > 0$，通过分部积分法，可以显示序列 E_n 满足以下递归：

$$E_n = 1 - nE_{n-1} \text{ 且 } E_1 = 1 - \int_0^1 e^{x-1} dx = e^{-1}$$

通过使用适当的生成器计算递归的前 20 个项，并将其结果与使用 scipy.integrate.quad 进行数值积分获得的结果进行比较。通过反转递归来做同样的事情，如下所示：

$$E_{n-1} := \frac{1}{n}(1 - E_n) \text{ 且 } E_{20} = 0$$

使用 exp 函数来评估指数函数。请描述图 9.2 所示的含义，并给出解释（见参考文献 [29]）。

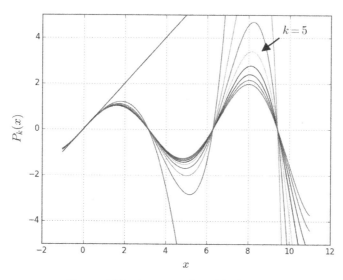

图 9.2 近似于 sin（x）的函数的收敛性研究

练习 11 正弦函数可以用欧拉表示为：

$$\sin x = x\prod_{k=1}^{\infty}\left(1-\frac{x^2}{k^2\pi^2}\right) = \underbrace{x\left(1-\frac{x^2}{\pi^2}\right)\left(1-\frac{x^2}{4\pi^2}\right)\left(1-\frac{x^2}{9\pi^2}\right)\cdots}_{=:P_3(x)}$$

编写一个生成函数值 $P_k(x)$ 的生成器。设置 x=linspace（-1,3.5 * pi，200），并以图形方式展示 $P_k(x)$ 如何接近于增加 k 的正弦函数 sin。图 9.2 展示了可能的结果（适用于参考文献[11]）。

第 10 章
异常处理

本章将介绍错误、异常以及如何查找和修复错误。异常处理是编写可靠和可用代码的重要组成部分。我们将介绍基本的内置异常，并说明如何使用和处理异常；介绍调试，并展示如何使用内置的 Python 调试器。

10.1　什么是异常

当代码语法不正确时由程序员（甚至有经验的程序员）发现错误，这就意味着代码指令格式不正确。

下面是一个语法错误的示例：

```
>>> for i in range(10)
  File "<stdin>", line 1
    for i in range(10)
                      ^
SyntaxError: invalid syntax
```

由于 for 声明结尾处缺失了一个冒号，所以引发了错误。这是一个异常被引发的示例。当出现 SyntaxError，其会告知程序员代码的语法不正确，并且还会打印发生错误的行，其中有一个箭头指向问题所在的那一行。

Python 中的异常是从名为 Exception 的基类派生（继承）而来的。Python 带有一些内置的异常。一些常见的异常类型已经在表 10.1 中列出。

以下是有关异常情况的两个常见示例。不出所料，当尝试除以 0 时，会引发 ZeroDivisionError。ZeroDivisionError，并在引发错误的位置打印文件、行和函数名称。

```
def f(x):
    return 1/x

>>> f(2.5)
0.4
>>> f(0)

Traceback (most recent call last):
  File "<stdin>", line 1, in <module>
  File "exception_tests.py", line 3, in f
    return 1/x
ZeroDivisionError: integer division or modulo by zero
```

表 10.1　　　　　　　　　　　　　一些常用的内置异常及其含义

异常	描述
IndexError	索引越界，例如当 v 只有 5 个元素时，v[10]就是索引越界
KeyError	引用了未定义的字典键
NameError	未找到名称，例如未定义的变量
LinAlgError	linalg 模块中的错误，例如当使用奇异矩阵来求解系统时
ValueError	不匹配的数值，例如在不匹配的数组上使用 dot
IOError	I/O 操作失败，例如"未找到文件"
ImportError	在引用中未找到模块或名称

　　如前所述，数组只能包含相同数据类型的元素。如果尝试分配不兼容类型的值，则会引发 ValueError。如下是一个值错误的示例：

```
>>> a = arange(8.0)
>>> a
array([ 0., 1., 2., 3., 4., 5., 6., 7.])
>>> a[3] = 'string'
Traceback (most recent call last):
  File "<stdin>", line 1, in <module>
ValueError: could not convert string to float: string
```

　　在这里，引发 ValueError 是因为数组包含浮点数，并且元素不能被分配给一个字符串值。

10.1.1　基本原理

下面来看看关于如何使用异常（该异常由 raise 引发并通过 try 语句来捕捉）的基本原理。

1. 引发异常

创建错误称为引发异常。上一节给出了一些关于异常的示例，你还可以定义自己的异常、预定义类型的异常或无类型的异常。通过使用如下命令来引发异常：

```
raise Exception("Something went wrong")
```

出现错误时可能会打印出错误消息，例如：

```
print("The algorithm did not converge.")
```

基于多种原因，不推荐使用这种方法。首先，打印输出很容易遗漏，尤其是当消息被隐藏在许多打印到控制台的其他信息中。其次，同时也是更重要的一点，它使得你的代码不能被其他代码使用。调用代码将无法知道发生错误，因此无法进行处理。

由于这些原因，引发异常总是更好一些。异常应该总是包含一个描述性的消息，例如：

```
raise Exception("The algorithm did not converge.")
```

该消息将为用户提供清晰的信息，它还为调用代码提供了能够获知错误发生的有利的条件，并可能找到补救措施。

下面是关于检查函数内部输入，以确保在继续操作之前可以使用该输入的典型示例。例如，简单地对负值和正确的数据类型进行检查，确保用于计算阶乘的函数的预期输入：

```
def factorial(n):
  if not (n >=0 and isinstance(n,(int,int32,int64))):
    raise ValueError("A positive integer is expected")
    ...
```

该函数的用户将立即知道错误是什么，如果给出错误的输入，用户就有责任来处理该异常。要注意在引发预定义的异常类型时异常名称的使用，在这种情况下异常的名称称为 ValueError，其后跟消息。通过指定异常类型，调用代码可以根据引发的错误类型来决定用不同的方式处理错误。

总的来说，引发异常总比打印错误消息要好。

2. 异常捕捉

异常处理称为异常捕捉，这里使用 try 和 except 命令来检查异常。

异常会中止程序执行流程，并查找最接近的 try 封闭块。如果异常未被捕捉到，则程序单元保留，并且继续在调用堆栈中较高的程序单元中搜索下一个封闭 try 块。如果没有找到块并且未处理异常，则执行完全停止并显示标准的追溯信息。

下面来看关于 try 语句的示例：

```
try:
    <some code that might raise an exception>
except ValueError:
    print("Oops, a ValueError occurred")
```

在这种情况下，如果 try 块中的代码引发了 ValueError 类型的错误，该异常将被捕捉并且在 except 块中打印消息；如果 try 块中没有异常，则会完全跳过 except 块并继续执行。

except 语句可以捕获多个异常。这可以通过简单地将它们分组到一个元组中来完成，如下所示：

```
except (RuntimeError, ValueError, IOError):
```

try 块也可以有多个 except 语句，供用户根据类型对异常进行分别处理。我们来看如下示例：

```
try:
    f = open('data.txt', 'r')
    data = f.readline()
    value = float(data)
except OSError as oe:
    print("{}: {}".format(oe.strerror, oe.filename))
except ValueError:
    print("Could not convert data to float.")
```

这样一来，如果文件不存在，则会捕捉到 OSError；如果文件第一行中的数据与浮点数据类型不兼容，则会捕捉到 ValueError。

在这个示例中，我们通过关键字 as 将 OSError 分配给了变量 oe，这能够在处理该异常时访问更多的详细信息。这里打印出了错误字符串 oe.strerror 和相关文件的名称 oe.filename。根据类型的不同，每个错误类型可以有自己的一组变量。如果该文件不存在，那么在上述示例中该消息将为：

```
I/O error(2): No such file or directory
```

此外，如果该文件存在但没有权限打开它，该消息将为：

```
I/O error(13): Permission denied
```

这个方法在捕捉异常时对输出进行格式化非常有用。

try - except 组合可以用可选的 else 和 finally 块来扩展。第 13.2 节的"测试二分法"中有 else 的使用示例。当最终需要清理工作时，将 try 与 finally 结合将会得到一个有用的结构：

如下是关于确保文件正确关闭的示例：

```
try:
    f = open('data.txt', 'r')
    # some function that does something with the file
    process_file_data(f)
except:
    ...
finally:
    f.close()
```

无论在处理文件数据时出现什么异常，上述代码将确保文件最终关闭。在 try 语句之后未处理的异常会在 finally 块之后被保存并引发。这种组合在 with 语句中使用（具体请参见第 10.1.3 节）。

10.1.2　用户定义异常

除了内置的 Python 异常之外，还可以定义用户自己的异常。这种"用户定义异常"应该继承自 Exception 基类。这可能在用户定义自己的类时非常有用，如第 14.2 节的多项式类。

下面来看一个有关用户定义异常的简单示例：

```
class MyError(Exception):
    def __init__(self, expr):
        self.expr = expr
    def __str__(self):
        return str(self.expr)

try:
    x = random.rand()
    if x < 0.5:
        raise MyError(x)
except MyError as e:
    print("Random number too small", e.expr)
else:
    print(x)
```

上述代码生成了一个随机数，如果该数字小于 0.5，则会出现异常并打印该值太小的消息；如果没有引发异常，则打印该数字。

这个示例展示了在 `try` 语句中使用 `else` 的情况，如果没有引发异常，将执行 `else` 下的块。

请以"`Error`"结尾的名称来定义异常，比如标准内置异常的命名。

10.1.3   上下文管理器——with 语句

Python 中有一个非常有用的结构，该结构用于在使用上下文（如文件或数据库）时简化异常处理。该语句将 `try ... finally` 结构封装在一个简单的命令中。如下是一个关于使用 `with` 语句来读取文件的示例：

```
with open('data.txt', 'r') as f:
    process_file_data(f)
```

上述代码将尝试打开文件、对文件执行指定的操作（例如，阅读）并关闭文件。如果在执行 `process_file_data` 时发生任何问题，文件都将被正确关闭，并随后引发异常。其作用等同于如下代码：

```
f = open('data.txt', 'r')
try:
    # some function that does something with the file
    process_file_data(f)
except:
```

```
    ...
finally:
    f.close()
```

在第 12.1 节中，当我们在读写文件时将使用上述代码。

上述文件阅读示例是使用上下文管理器的示例。上下文管理器是具有两种特殊方法 __enter__ 和 __exit__ 的 Python 对象。实现这两种方法的类的任何对象都可以用作上下文管理器。在该示例中，因为有 f.__enter__ 和 f.__exit__ 方法，所以文件对象 f 是上下文管理器。

__enter__ 方法应实现初始化指令，比如打开文件或数据库连接。如果此方法具有 return 语句，则使用 as 结构访问返回的对象，否则，将忽略 as 关键字。__exit__ 方法包含清理指令，例如关闭文件或提交事务并关闭数据库连接。有关自编的上下文管理器的更多说明和示例，请参阅第 13.10.3 节。

NumPy 函数可以用作上下文管理器。例如，load 函数支持用于某些文件格式的上下文管理器。NumPy 函数 errstate 可以用作上下文管理器来指定代码块内的浮点错误处理行为。

如下是使用函数 errstate 和上下文管理器的示例：

```
import numpy as np        # note, sqrt in NumPy and SciPy
                          # behave differently in that example
with errstate(invalid='ignore'):
    print(np.sqrt(-1)) # prints 'nan'

with errstate(invalid='warn'):
    print(np.sqrt(-1)) # prints 'nan' and
                       # 'RuntimeWarning: invalid value encountered in sqrt'

with errstate(invalid='raise'):
    print(np.sqrt(-1)) # prints nothing and raises FloatingPointError
```

有关此示例以及第 13.10.3 节的更多详细信息，请参见第 2.2.2 节中的"无穷和非数字"相关内容。

10.2 查找错误：调试

软件代码中的错误有时被称为 bugs。调试是在代码中查找和修复错误的过程。该过程能以不同程度的复杂度进行。最有效的方式是使用一个名为调试器的工具。进行单元测试是用来早期识别错误的好方法，请参见第 13.3 节。调试器在问题不明显的情况下是非常有用的。

10.2.1 漏洞

常见的漏洞有以下两种。

- 引发异常但未被捕捉。

- 代码无法正常运行。

第一种情况通常更容易解决；第二种情况可能更困难，因为问题可能是错误的想法或解决方案、错误的实现或者两种情况兼而有之。

接下来只关注第一种情况，但是可以使用相同的工具来帮助找出代码不能做到这一点的原因。

10.2.2 堆栈

当引发异常时，用户会看到调用堆栈。调用堆栈包含对引发异常位置的代码调用的所有函数的追踪。

如下是一个简单的堆栈示例：

```
def f():
    g()
def g():
    h()
def h():
    1//0


f()
```

这种情况下的堆栈是 f、g 和 h。通过运行这段代码生成的输出如下所示：

```
Traceback (most recent call last):
  File "stack_example.py", line 11, in <module>
    f()
  File "stack_example.py", line 3, in f
    g()
  File "stack_example.py", line 6, in g
```

```
    h() File "stack_example.py", line 9, in h
    1//0
ZeroDivisionError: integer division or modulo by zero
```

这段代码打印出了错误，函数序列导致显示错误。依次调用第 11 行的函数 f、g 和 h 引发 ZeroDivisionError。

堆栈追踪报告了在程序执行过程中的活跃堆栈的某些特定点。堆栈追踪允许你追踪调用到给定点的函数的序列，通常这是在引发一个未被捕捉的异常之后，这有时被称为事后分析。堆栈追踪点就是引发异常的位置。另一个选项是手动调用堆栈跟踪来分析一段你怀疑可能有错误的代码，也许在异常发生之前你可以追踪到该错误。

10.2.3 Python 调试器

Python 自带的内置调试器称为 pdb，调试器集成在一些开发环境中。在大多数情况下，如下过程仍然存在。

使用调试器最简单的方法是在你要调查的代码中启用堆栈追踪。以下是基于第 7.3 节中提到的有关触发调试器的简单示例：

```
import pdb

def complex_to_polar(z):
    pdb.set_trace()
    r = sqrt(z.real ** 2 + z.imag ** 2)
    phi = arctan2(z.imag, z.real)
    return (r,phi)
z = 3 + 5j
r,phi = complex_to_polar(z)

print(r,phi)
```

pdb.set_trace() 命令启动调试器，并启用追踪后续命令。上述代码将显示如下内容：

```
> debugging_example.py(7)complex_to_polar()
-> r = sqrt(z.real ** 2 + z.imag ** 2)
(Pdb)
```

调试器提示符用（pdb）表示。调试器会中止程序执行并会给出一个提示，可以检查变量、修改变量、逐步执行命令等。

　　因为当前行在每一步打印，所以可以跟踪位置以及接下来将会发生的事情。使用命令 n（next）完成命令执行，如下所示：

```
> debugging_example.py(7)complex_to_polar()
-> r = sqrt(z.real ** 2 + z.imag ** 2)
(Pdb) n
> debugging_example.py(8)complex_to_polar()
-> phi = arctan2(z.imag, z.real)
(Pdb) n
> debugging_example.py(9)complex_to_polar()
-> return (r,phi)
(Pdb)
...
```

　　命令 n（next）将持续到下一行并打印该行。如果需要同时看到多行，则 list 命令 l（list）将显示当前行以及其周围的代码：

　　在调试器中列出周围的代码，如下所示：

```
> debugging_example.py(7)complex_to_polar()
-> r = sqrt(z.real ** 2 + z.imag ** 2)
(Pdb) l
 2
 3 import pdb
 4
 5 def complex_to_polar(z):
 6 pdb.set_trace()
 7 -> r = sqrt(z.real ** 2 + z.imag ** 2)
 8 phi = arctan2(z.imag, z.real)
 9 return (r,phi)
10
11 z = 3 + 5j
12 r,phi = complex_to_polar(z)
(Pdb)
```

　　变量的检查可以通过使用命令 p（print）和变量名称将它们的值打印到控制台来完成。打印变量的示例如下：

```
> debugging_example.py(7)complex_to_polar()
-> r = sqrt(z.real ** 2 + z.imag ** 2)
```

```
(Pdb) p z
(3+5j) (Pdb) n
> debugging_example.py(8)complex_to_polar()
-> phi = arctan2(z.imag, z.real)
(Pdb) p r
5.8309518948453007
(Pdb) c
(5.8309518948453007, 1.0303768265243125)
```

p（print）命令将打印变量；命令 c（continue ）继续执行。

在执行过程中更改变量是有用的。只需在调试器提示符处分配新值，然后继续执行即可。

更改变量的示例如下：

```
> debugging_example.py(7)complex_to_polar()
-> r = sqrt(z.real ** 2 + z.imag ** 2)
(Pdb) z = 2j
(Pdb) z
2j
(Pdb) c
(2.0, 1.5707963267948966)
```

此处的变量 z 被分配了一个新的值用于全部剩余的代码。注意，最终的打印输出已更改。

10.2.4 调试命令

表 10.2 中显示了最常见的调试命令。有关命令的完整列表和描述见参考文献 [25] ）。注意，任何 Python 命令也能起作用，比如将值分配给变量。

短变量名

如果要检查名称与任何调试器的短命令相符的变量，例如 h，则必须使用 ! h 显示变量。

表 10.2	用于调试器的最常见的调试命令
命令	作用
h	帮助（没有参数），其会打印出可用的命令
l	列出当前上下文中的代码
q	退出（退出调试器并终止运行）
c	继续执行
r	继续执行直到当前函数返回
n	继续执行直到下一行
p<expression>	在当前上下文中计算并打印表达式

10.2.5　IPython 调试

IPython 附带一个称为 ipdb 的调试器版本。在写这本书时，它们之间的差异很小，但现在可能有所改变。

IPython 中有一个命令会在异常情况下自动打开调试器，这在实验新的想法或代码时非常有用。如下是一个如何在 IPython 中自动打开调试器的示例：

```
In [1]: %pdb # this is a so - called IPython magic command
Automatic pdb calling has been turned ON

In [2]: a = 10

In [3]: b = 0

In [4]: c = a/b
```

```
ZeroDivisionError                       Traceback (most recent call last)
<ipython-input-4-72278c42f391> in <module>()
--> 1 c = a/b

ZeroDivisionError: integer division or modulo by zero
> <ipython-input-4-72278c42f391>(1)<module>()
     -1 c = a/b
ipdb>
```

在 IPython 提示符下的 IPython 魔法命令%pdb 会在引发异常时自动启用调试器。这里调试器提示符显示为 ipdb，而不是指示调试器正在运行。

10.3 小结

本章的关键概念是异常和错误，并展示了如何在另一个被捕捉的程序单元中引发异常。用户可以定义自己的异常，并为其提供给定变量的消息和当前值。

代码可能会在未引发异常的情况下返回意外的结果。找出引发错误结果的源头的技术称为调试。本章介绍了调试方法，并建议读者及早进行认真的调试，以便在需要时随时可用。

第 11 章
命名空间、范围和模块

本章将介绍命名空间、函数和模块的变量范围，以及 Python 模块（模块是包含函数和类定义的文件）。

11.1　命名空间

Python 对象的名称（如变量、类、函数和模块的名称）将在命名空间中收集。模块和类具有与这些对象相同名称的命名空间。这些命名空间是在导入模块或实例化类时创建的。模块的命名空间的生命周期与当前的 Python 会话一样长。类实例的命名空间的生命周期是直到实例被删除。

函数在执行（调用）时创建了一个本地命名空间。当函数通过常规返回或异常停止执行时，其会被删除。本地命名空间未命名。

命名空间的概念在其上下文中放置一个变量名。例如，有几个名称为 sin 的函数，它们被各自所属的命名空间区分开，如下面的代码所示：

```
import math
import scipy
math.sin
scipy.sin
```

它们确实是不同的，因为 scipy.sin 是一个通用函数，其接受列表或数组作为输入，其中 math.sin 只接受浮点数。具有命名空间中所有名称的列表可以通过命令 dir(<name of namespace>) 来获得，其包含两个特殊名称，即 __name__ 和 __doc__。前者是指模块的名称，后者是指其文档字符串，如下所示：

```
math.__name__ # returns math
math.__doc__ # returns 'This module is always ...'
```

有一个特殊的命名空间 __builtin__，其中包含 Python 中可用的名称而不需要任何 import。它是一个已被命名的命名空间，但是在引用内置对象时不需要给出其名称，如下所示：

```
'float' in dir(__builtin__) # returns True
float is __builtin__.float # returns True
```

11.2 变量范围

在程序的一部分中定义的变量是其他部分不需要知道的，而某个变量知道的所有程序单元称为该变量的范围。首先来看一个示例，考虑如下所示的两个嵌套函数：

```
e = 3
def my_function(in1):
    a = 2 * e
    b = 3
    in1 = 5
    def other_function():
        c = a
        d = e
        return dir()
    print("""
        my_function's namespace: {}
        other_function's namespace: {}
        """.format(dir(),other_function()))
    return a
```

执行 my_function（3）的结果如下：

```
my_function's namespace: ['a', 'b', 'in1', 'other_function']
other_function's namespace: ['a', 'c', 'd']
```

变量 e 位于包含函数 my_function 的程序单元的命名空间中。变量 a 位于该函数的命名空间中，它本身包含最内层函数 other_function。对于这两个函数，e 是一个全局变量。

仅通过参数列表将信息传递给函数，而不是使用上述示例中的结构，这是很好的做法。

我们可以在第 7.7 节中找到一个异常，其中全局变量用于闭包。通过为其赋值，变量将自动转变为局部变量，如下所示：

```
e = 3
def my_function():
    e = 4
    a = 2
    print("my_function's namespace: {}".format(dir()))
```

执行如下代码：

```
e = 3
my_function()
e # has the value 3
```

得出：

```
my_function's namespace: ['a', 'e']
```

其中 e 成为了局部变量。实际上，这段代码现在有两个变量 e 属于不同的命名空间。

通过使用 global 声明语句，可以将函数中定义的变量设为全局变量，即使在该函数之外，其值也可以访问。global 声明的用法示例如下：

```
def fun():
    def fun1():
        global a
        a = 3
    def fun2():
        global b
        b = 2
        print(a)
    fun1()
    fun2() # prints a
    print(b)
```

避免使用全局变量

建议避免使用这种结构和 global。这种代码很难调试和维护。类的使用（更多详细信息请参考第 8 章）使得 global 基本被淘汰了。

11.3　模块

在 Python 中，一个模块只是一个包含类和函数的文件。通过在会话或脚本中导入文件，函数和类变得可用。

11.3.1　简介

默认情况下，Python 附带许多不同的库。用户可能还需要安装更多用于特定用途（例如优化、绘图、读写文件格式、图像处理等）的库。NumPy 和 SciPy 是这些库的两个重要示例，另一个重要示例是用于绘图的 matplotlib。在本章的结尾，我们将列出一些有用的库。

如果要使用库，则可以执行以下操作。

- 仅从库中加载特定对象，例如从 NumPy 中：

```
from numpy import array, vander
```

- 或者加载整个库：

```
from numpy import *
```

- 或通过创建具有库名称的命名空间来访问整个库：

```
import numpy
...
numpy.array(...)
```

使用命名空间从库中预定义函数可以访问此函数，并能将该函数与其他具有相同名称的对象区分开来。

此外，命名空间的名称可以与 import 命令一起指定：

```
import numpy as np
...
np.array(...)
```

以上任何使用库的方法的选项都会影响你的代码的可读性以及错误的可能性。一个常见的错误是 shadowing，如下所示：

```
from scipy.linalg import eig
A = array([[1,2],[3,4]])
(eig, eigvec) = eig(A)
...
(c, d) = eig(B) # raises an error
```

避免非预期的结果的一种方法是使用 import：

```
import scipy.linalg as sl
A = array([[1,2],[3,4]])
(eig, eigvec) = sl.eig(A) # eig and sl.eig are different objects
...
(c, d) = sl.eig(B)
```

在本书中，我们使用了许多命令、对象和函数，这些均通过以下语句导入本地命名空间：

```
from scipy import *
```

以这种方式导入对象不会使导入它们的模块显而易见。表 11.1 给出了一些示例。

表 11.1　　　　　　　　　　　　导入对象的示例

类库	方法
numpy	array、arange、linspace、vstack、hstack、dot、eye、identity 和 zeros
numpy.linalg	solve、lstsq、eig 和 det
matplotlib.pyplot	plot、legend 和 cla
scipy.integrate	quad
copy	copy 和 deepcopy

11.3.2　IPython 模块

IPython 用于代码开发。典型的情况是可以使用一些在开发周期内更改的函数或类定义的文件。要将此类文件的内容加载到 shell 中，可以使用 import，但是文件只能加载一次。更改文件对后续导入没有影响。这个时候就需要用到 IPyhthon 的魔法命令 run。

IPython 魔法命令

IPython 有一个特殊的魔法命令 run，其执行文件就像直接在 Python 中运行一样。这意味着文件的执行与 IPython 中已经定义的一样。若要测试作为独立程序的脚本，我们推荐这种从 IPython 内执行文件的方法，即必须以与执行命令行相同的方式来导入执行文件中所需要的所有内容。在 myfile.py 中运行代码的典型示例如下：

```
from numpy import array
...
a = array(...)
```

这个脚本文件由 exec(open('myfile.py').read()) 在 Python 中执行。或者，在 IPython 中，如果要确保脚本独立于之前的导入，则可以使用魔法命令 run myfile。在文件中定义的所有内容都将导入 IPython 工作区。

11.3.3 变量 __name__

在任何模块中，特殊变量 __name__ 定义为当前模块的名称。在命令行中（在 IPython 中），此变量设置为 __main__，其允许以下技巧：

```
# module
import ...

class ...

if __name__ == "__main__":
    # perform some tests here
```

只有当文件直接运行而不是导入时，测试才会运行。

11.3.4 一些有用的模块

有用的 Python 模块的列表数量众多。表 11.2 给出了该列表的一小部分，主要是与数学和工程应用相关的模块。

表 11.2　　　　　　　用于工程应用程序的有用的 Python 包的非详尽列表

模块	说明
scipy	在科学计算中使用的函数
numpy	支持数组并包含相关方法
matplotlib	导入子模块 pyplot，用于绘图并实现可视化

模块	说明
functools	函数的偏函数应用
itertools	用来提供特殊功能的迭代工具，例如通过切片生成生成器
re	用于复杂字符串处理的正则表达式
sys	系统特定函数
os	操作系统交互，例如展示目录结构和文件处理
datetime	呈现日期和时间增量
time	返回时钟时间
timeit	评估执行时间
sympy	计算机运算程序包（符号计算）
pickle	Pickling，输入和输出格式的特殊文件
shelves	Shelves，输入和输出格式的特殊文件
contextlib	用于上下文管理器的工具

11.4　小结

本书开篇就告知用户必须要导入 SciPy 和其他有用的模块。现在读者应已明白导入的意义了吧。本章介绍了命名空间，并讨论了 import 和 from 之间的区别。虽然变量的范围已经在之前的第 7 章中介绍过了，但现在读者应更加全面地了解了该概念的重要性。

第 12 章
输入和输出

本章将介绍处理数据文件的一些方法。根据数据和所需的格式，可以将读写方式的选项分为几种，本章将针对一些常用的选项进行说明。

12.1 文件处理

文件 I/O（输入和输出）在许多情况下至关重要，示例如下。

- 使用测量或扫描数据。测量结果存储在需要读取并进行分析的文件中。

- 与其他程序交互。将结果保存到文件中，以便其可以导入其他应用程序中，反之亦然。

- 存储信息以供将来参考或比较。

- 与其他人共享数据和结果（可能是在使用其他软件的其他平台上）。

本节介绍如何处理 Python 中的文件 I/O。

12.1.1 文件交互

在 Python 中，类型 file 的对象表示存储在磁盘上的物理文件的内容。可以使用如下语法创建新的 file 对象：

```
myfile = open('measurement.dat','r') # creating a new file object from an
existing file
```

比如，可以通过如下方式来访问该文件的内容：

```
print(myfile.read())
```

使用文件对象时需要谨慎,问题是文件必须关闭才能被其他应用程序重新读取或使用,这可以通过使用如下语法来实现:

```
myfile.close() # closes the file object
```

然而,这并没有那么简单,因为在执行 close 调用之前可能会触发异常,这将跳过关闭代码(请考虑以下示例)。确保文件正确关闭的简单方法是使用上下文管理器。使用 with 关键词的结构将在第 10.1 节中有更详细的说明。以下是与文件一起使用的方法:

```
with open('measurement.dat','r') as myfile:
    ... # use myfile here
```

这确保即便块内部出现异常,但当退出 with 块时文件就会被关闭。该命令适用于上下文管理器对象。有关上下文管理器的更多信息参见 10.1.3 节。如下示例证明了为什么使用 with 构造是可取的:

```
myfile = open(name,'w')
myfile.write('some data')
a = 1/0
myfile.write('other data')
myfile.close()
```

在文件关闭之前发生异常。该文件保持打开状态,并且不保证文件中写入的数据内容和时间。因此,实现相同结果的正确方法如下所示:

```
with open(name,'w') as myfile:
    myfile.write('some data')
    a = 1/0
    myfile.write('other data')
```

在这种情况下,文件在异常(这里是 ZeroDivisionError)被引发之后才会完全关闭。还要注意,没有必要明确地关闭该文件。

12.1.2　文件是可迭代的

特别是一个文件是可迭代的(见第 9.3 节)。文件迭代行的代码如下所示:

```
with open(name,'r') as myfile:
```

```
for line in myfile:
    data = line.split(';')
    print('time {} sec temperature {} C'.format(data[0],data[1]))
```

文件的行将作为字符串返回。字符串方法 `split` 是一个将字符串转换为字符串列表的可行工具，如下所示：

```
data = 'aa;bb;cc;dd;ee;ff;gg'
data.split(';') # ['aa', 'bb', 'cc', 'dd', 'ee', 'ff', 'gg']

data = 'aa bb cc ddeeffgg'
data.split(' ') # ['aa', 'bb', 'cc', 'dd', 'ee', 'ff', 'gg']
```

由于 `myfile` 对象是可迭代的，因此还可以直接提取到列表中，如下所示：

```
data = list(myfile)
```

12.1.3　文件模式

正如这些文件处理示例中所示的，`open` 函数至少需要两个参数。第一个参数显然是文件名，第二个参数是描述文件使用方式的字符串。有几种用来打开文件的模式，其中的基础模式如下：

```
with open('file1.dat','r') as ... # read only
with open('file2.dat','r+') as ... # read/write
with open('file3.dat','rb') as ... # read in byte mode
with open('file4.dat','a') as ... # append (write to the end of the file)
with open('file5.dat','w') as ... # (over-)write the file
with open('file6.dat','wb') as ... # (over-)write the file in byte mode
```

`'r'`、`'r+'`和`'a'`模式要求文件存在，而如果该名称的文件不存在，`'w'`将创建一个新文件。正如前面的例子中所示的，使用`'r'`和`'w'`来读写是最常见的方式。

下面考虑在不使用附加`'a'`模式修改已经存在的内容的情况下，打开文件并在文件末尾添加数据的示例。注意如下代码的换行符\n：

```
with open('file3.dat','a') as myfile:
    myfile.write('something new\n')
```

12.2 NumPy 方法

NumPy 内置了将 NumPy 数组数据读入和写入文本文件的方法，分别是 numpy.loadtxt 和 numpy.savetxt。

12.2.1 savetxt

将数组写入文本文件很简单，如下所示：

```
savetxt(filename,data)
```

有两个有用的参数作为字符串 fmt 和 delimiter 给出，它们控制了列之间的格式和分隔符。默认值是分隔符的空间（格式为 %.18e），其对应于所有数字的指数格式。格式化参数使用如下：

```
x = range(100) # 100 integers
savetxt('test.txt',x,delimiter=',')    # use comma instead of space
savetxt('test.txt',x,fmt='%d') # integer format instead of float with e
```

12.2.2 loadtxt

借助以下语法完成从文本文件中读取数组：

```
filename = 'test.txt'
data = loadtxt(filename)
```

由于数组中的每一行必须具有相同的长度，因此文本文件中的每一行必须具有相同数量的元素。与 savetxt 类似，默认值为 float，分隔符为 space。这些可以使用 dtype 和 delimiter 参数进行设置。另一个有用的参数是 comments，可用于标记数据文件中用于注释的符号。使用格式化参数的示例如下：

```
data = loadtxt('test.txt',delimiter=';') # data separated by semicolons
data = loadtxt('test.txt',dtype=int,comments='#') # read to integer type,
                                        #comments in file begin with
a hash character
```

12.3 Pickling

前一节提到的读取和写入方法在写入之前将数据转换成了字符串。复杂类型（如对象和类）不能以这种方式写入。通过使用 Python 的 pickle 模块，用户可以将任何对象和多个对象保存到文件中。

数据可以以明文（ASCII）格式保存，也可以使用稍高效的二进制格式。有两种主要的方法：第一种方法为 dump，它可以将一个 Python 对象的 pickled 表示保存到一个文件中；第二种方法为 load，它可以从文件中检索一个 pickled 对象。其基本用法如下：

```python
import pickle
with open('file.dat','wb') as myfile:
    a = random.rand(20,20)
    b = 'hello world'
    pickle.dump(a,myfile)    # first call: first object
    pickle.dump(b,myfile)    # second call: second object

import pickle
with open('file.dat','rb') as myfile:
    numbers = pickle.load(myfile) # restores the array
    text = pickle.load(myfile)    # restores the string
```

注意返回两个对象的顺序。除了两个主要的方法之外，有时将 Python 对象序列化为字符串而不是文件是有用的，这是通过 dumps 和 load 完成的。试考虑一个序列化数组和字典的示例，如下所示：

```python
a = [1,2,3,4]
pickle.dumps(a) # returns a bytes object
b = {'a':1,'b':2}
pickle.dumps(b) # returns a bytes object
```

需要将 Python 对象或 NumPy 数组写入数据库是使用 dumps 的一个很好的示例。这些通常支持存储字符串，这使得在没有任何特殊模块的情况下，易于编写和读取复杂的数据和对象。除了 pickle 模块，还有一个称为 cPickle 的优化版本，它是用 C 语言编写的。如果需要快速读写，则可以选择该版本。pickle 和 cPickle 生产的数据是相同的，并可以互换。

12.4　Shelves

字典中的对象可以通过键访问。有一种类似的方式来访问文件中的特定数据，首先为其分配一个键。这可以通过使用模块 shelve 来实现，如下所示：

```
from contextlib import closing
import shelve as sv
# opens a data file (creates it before if necessary)
with closing(sv.open('datafile')) as data:
    A = array([[1,2,3],[4,5,6]])
    data['my_matrix'] = A # here we created a key
```

在第 12.1 节中，内置的 open 命令生成了一个上下文管理器，也理解了这对于处理外部资源（如文件）非常重要的原因。与此命令相反，sv.open 本身不创建上下文管理器，需要使用 contextlib 模块的 closing 命令将其转换为适当的上下文管理器。请考虑如下关于恢复文件的示例：

```
from contextlib import closing
import shelve as sv
with closing(sv.open('datafile')) as data: # opens a data file
    A = data['my_matrix'] # here we used the key
    ...
```

一个 shelve 对象具有所有字典方法，例如键和值，并且可以以与字典相同的方式来使用。注意，在调用 close 或 sync 方法后，更改只会写入文件中。

12.5　读写 Matlab 数据文件

SciPy 可以使用 Matlab 的 .mat 文件格式读取和写入数据，命令为 loadmat 和 savemat。如果要加载数据，则可以使用如下语法：

```
import scipy.io
data = scipy.io.loadmat('datafile.mat')
```

变量数据现在包含一个字典，该字典包含了与 .mat 文件中保存的变量名相对应的键，变量为 NumPy 数组格式。保存到 .mat 文件中涉及创建一个包含要保存的所有变量的字典

（变量名和值），那么命令就为 savemat，如下所示：

```
data = {}
data['x'] = x
data['y'] = y
scipy.io.savemat('datafile.mat',data)
```

当读取 Matlab 时，将用相同的名称来保存 NumPy 数组 x 和 y。

12.6 读写图像

SciPy 具有用来处理图像的一些基本函数。module 函数会把图像读取到 NumPy 数组中。该函数会将数组保存为图像。如下代码将把 JPEG 图像读取到数组，打印形状和类型，然后创建一个具有调整大小的图像的新数组，并将新图像写入文件，如下所示：

```
import scipy.misc as sm

# read image to array
im = sm.imread("test.jpg")
print(im.shape)    # (128, 128, 3)
print(im.dtype)    # uint8

# resize image
im_small = sm.imresize(im, (64,64))
print(im_small.shape)    # (64, 64, 3)

# write result to new image file
sm.imsave("test_small.jpg", im_small)
```

注意数据类型。图像几乎总是存储在 0～255 范围内的像素值为 8 位的无符号整数。第三个形状值显示图像有多少个颜色通道。在这种情况下，3 表示它是按照以下顺序存储值的彩色图像：red im [0]、green im [1]、blue im [2]。灰度图像只能有一个通道。

为了处理图像，SciPy 模块 scipy.misc 包含了许多有用的基本图像处理函数，比如 filtering、transforms 和 measurements。

12.7　小结

在处理更大数据量的测量和其他来源时，文件处理是非常有必要的。我们还可以通过文件处理与其他程序和工具进行通信。

本章提到，与其他对象一样，文件也是一种 Python 对象，并说明了如何通过特殊属性（这些属性仅允许只读访问或只写访问）来保护文件。

写入文件的方式通常会影响进程的速度。本节也介绍了通过 pickling 或使用 shelve 方法来存储数据的方法。

第 13 章
测试

本章将重点介绍科学编程测试的两个方面。第一个方面是在科学计算中经常遇到的问题，即"测试什么"；第二个方面涉及"如何测试"的问题。我们将对手动和自动测试进行区分。手动测试是指每个程序员快速检查一个实现是否正常工作，而自动测试对上述概念进行了改良和自动化。下面将介绍一些可用于自动测试的工具，以便了解科学计算的具体情况。

13.1　手动测试

在代码开发的过程中，为了测试代码的功能，用户需要做很多小测试，这可以称为手动测试。通常情况下，用户需要通过在交互式环境中手动测试函数来测试给定函数是否执行了其应该执行的操作。例如，假设要实现二分算法（它是一种要找到标量非线性函数的零（根）的算法），要启动该算法，必须给出一个区间，该属性是函数在区间范围内采取不同的符号，参见练习 4。更多详细信息参见第 7 章。

接着测试该算法的实现，通常需要通过检查如下内容来实现。

* 若函数在区间范围内具有相反的符号，则会找到一个解决方案。

* 若函数在区间范围内具有相同的符号，则会引发异常。

根据需要进行手动测试似乎是不能令人满意的。一旦确认代码能够按照预期的设想完成应该执行的操作，你就会给出少许演示示例来让他人相信代码的质量。在这个阶段，用户经常会对开发过程中所做的测试失去兴趣，甚至会忘记或删除测试。一旦更改了细节，代码将不能正常执行，那么可能会为再也找不到之前的测试而后悔。

13.2　自动测试

开发任何代码的正确方法是使用自动测试，其优点如下。

- 每个代码重构后及任何新版本启动之前会自动重复大量测试。

- 代码使用的静默存档。

- 关于代码的测试覆盖率的文档：代码在更改之前可用，还是某个方面从未测试过？

 程序中的更改（特别是在不影响其功能的结构中的变化）被称为代码重构。

我们建议与代码并行开发测试。良好的测试设计是其自身的艺术。很少有投资能够像对于良好测试的投资一样，能保证在节省开发时间方面有这样丰厚的回报。

本节将考虑使用自动测试方法来实现一个简单的算法。

测试二分算法

来看二分算法的自动测试。使用该算法能够找到实值函数的零点，这在第 7 章中的练习 4 中有介绍。该算法可以通过如下方式来实现：

```python
def bisect(f, a, b, tol=1.e-8):
    """
    Implementation of the bisection algorithm
    f real valued function
    a,b interval boundaries (float) with the property
    f(a) * f(b) <= 0
    tol tolerance (float)
    """
    if f(a) * f(b)> 0:
        raise ValueError("Incorrect initial interval [a, b]")
    for i in range(100):
        c = (a + b) / 2.
        if f(a) * f(c) <= 0:
            b = c
        else:
```

```
            a = c
        if abs(a - b) < tol:
            return (a + b) / 2
    raise Exception(
        'No root found within the given tolerance {}'.format(tol))
```

假设要将其存储在 `bisection.py` 文件中。作为第一个测试示例，我们测试了函数 $f(x)=x$ 的零点，如下所示：

```
def test_identity():
    result = bisect(lambda x: x, -1., 1.)
    expected = 0.
    assert allclose(result, expected),'expected zero not found'

test_identity()
```

在这段代码中，首次出现了 **Python** 关键字 `assert`。如果其第一个参数返回 `False` 值，则会引发 `AssertionError` 异常。其可选的第二个参数是带有附加信息的字符串。我们使用函数 `allclose` 来测试浮点数等式。

下面说明测试函数的一些特征。如果代码不能如按预期执行，将会引发异常——这通过断言确保，必须在 `test_identity()` 行中手动运行测试。

对这种调用进行自动化有很多工具。

现在创建一个测试函数，当该函数在区间的两端具有相同的符号时，检验 `bisect` 是否引发了异常。假设引发的异常是 `ValueError` 异常，如下示例将检验初始区间[a, b]。对于二分算法，它应该符合一个符号条件：

```
def test_badinput():
    try:
        bisect(lambda x: x,0.5,1)
    except ValueError:
        pass
    else:
        raise AssertionError()

test_badinput()
```

在这种情况下，如果异常不是 `ValueError` 类型，则会引发 `AssertionError`。有一些工具可以来简化前面的结构并检查是否引发异常。

另一个有用的测试是边缘情况测试。这里测试参数或用户输入，这可能会导致程序员无法预见的数学上未定义的状态或程序状态。例如，如果两个边界相等，会发生什么？ 如果 $a > b$，则会发生什么？

```
def test_equal_boundaries():
    result = bisect(lambda x: x, 0., 0.)
    expected = 0.
    assert allclose(result, expected), \
                    'test equal interval bounds failed'

def test_reverse_boundaries():
    result = bisect(lambda x: x, 1., -1.)
    expected = 0.
    assert allclose(result, expected),\
                    'test reverse interval bounds failed'


test_equal_boundaries()
test_reverse_boundaries()
```

13.3　使用 unittest 包

标准的 unittest Python 包使得自动测试变得十分方便。这个包需要重写测试以便兼容。第一个测试必须在一个 class 中重写，如下所示：

```
from bisection import bisect
import unittest

class TestIdentity(unittest.TestCase):
    def test(self):
        result = bisect(lambda x: x, -1.2, 1.,tol=1.e-8)
        expected = 0.
        self.assertAlmostEqual(result, expected)

if __name__=='__main__':
    unittest.main()
```

来看看上述代码与之前的实现方式的不同。首先，现在测试是一种方法并且是一个类的一部分。该类必须从 unittest.TestCase 继承。测试方法的名称必须以 test 开头。注意，现在可以使用 unittest 软件包的断言工具之一，即 assertAlmostEqual。最后，测试使用 unittest.main 运行。建议将测试写入与将要测试的代码不同的文件中，这就是它的名称是以 import 开头的原因。测试通过并返回如下：

Ran 1 test in 0.002s

OK

如果用宽松的公差参数（例如 1.e-3）来运行，测试失败将以如下形式报告：

```
F
=======================================================================
FAIL: test (__main__.TestIdentity)
-----------------------------------------------------------------------
Traceback (most recent call last):
  File "<ipython-input-11-e44778304d6f>", line 5, in test
    self.assertAlmostEqual(result, expected)
AssertionError: 0.00017089843750002018 != 0.0 within 7 places
-----------------------------------------------------------------------

Ran 1 test in 0.004s
FAILED (failures=1)
```

测试可以并且应该分在一组作为测试类的方法，示例如下所示：

```python
import unittest
from bisection import bisect

class TestIdentity(unittest.TestCase):
    def identity_fcn(self,x):
        return x
    def test_functionality(self):
        result = bisect(self.identity_fcn, -1.2, 1.,tol=1.e-8)
        expected = 0.
        self.assertAlmostEqual(result, expected)
    def test_reverse_boundaries(self):
        result = bisect(self.identity_fcn, 1., -1.)
        expected = 0.
        self.assertAlmostEqual(result, expected)
    def test_exceeded_tolerance(self):
        tol=1.e-80
        self.assertRaises(Exception, bisect, self.identity_fcn,
                                             -1.2, 1.,tol)
if __name__=='__main__':
    unittest.main()
```

在最后一次测试中，使用 unittest.TestCase.assertRaises 的方法来测试是否正确地引发了异常。该方法的第一个参数是异常类型，例如 ValueError、Exception，其第二个参数是该函数的名称（其预期会引发异常的）。剩余的参数是该函数的参数。命令 unittest.main() 创建了 TestIdentity 类的实例，并执行以 test 开头的那些方法。

测试 setUp 和 tearDown 方法

类 testtest.TestCase 提供了两种特殊的方法，即 setUp 和 tearDown，它们分别在每次调用测试方法之前和之后运行，这在测试生成器时需要并且在每次测试后耗尽。这里通过测试一个程序（该程序用来检查给定字符串首次出现的文件中的行）来证明这一点，如下所示：

```python
class NotFoundError(Exception):
    pass

def find_string(file, string):
    for i,lines in enumerate(file.readlines()):
        if string in lines:
            return i
    raise NotFoundError(
        'String {} not found in File {}'.format(string,file.name))
```

假设这段代码保存在 find_in_file.py 文件中。测试必须准备一个文件并将其打开，同时在测试后将其删除，示例如下所示：

```python
import unittest
import os # used for, for example, deleting files

from find_in_file import find_string, NotFoundError

class TestFindInFile(unittest.TestCase):
    def setUp(self):
        file = open('test_file.txt', 'w')
        file.write('aha')
        file.close()
        self.file = open('test_file.txt', 'r')
    def tearDown(self):
        self.file.close()
        os.remove(self.file.name)
    def test_exists(self):
```

```
            line_no=find_string(self.file, 'aha')
            self.assertEqual(line_no, 0)
        def test_not_exists(self):
            self.assertRaises(NotFoundError, find_string,
                                            self.file, 'bha')

if __name__=='__main__':
    unittest.main()
```

在每个 setUp 测试运行之前再执行 tearDown。

13.4　参数化测试

用户可能经常想要用不同的数据集来重复相同的测试。当我们在使用 unittest 的功能时，需要自动生成具有相应注入方法的测试用例。

为此，用户以后在创建测试方法时，首先要使用一种或多种方法来构建一个测试用例。再次考虑二分法，来检验其返回的值是否为给定函数的零点。

首先构建测试用例以及将用于测试的方法，如下所示：

```
class Tests(unittest.TestCase):
    def checkifzero(self,fcn_with_zero,interval):
        result = bisect(fcn_with_zero,*interval,tol=1.e-8)
        function_value=fcn_with_zero(result)
        expected=0.
        self.assertAlmostEqual(function_value, expected)
```

然后，动态地创建测试函数作为该类的属性，如下所示：

```
test_data=[
        {'name':'identity', 'function':lambda x: x,
                            'interval' : [-1.2, 1.]},
        {'name':'parabola', 'function':lambda x: x**2-1,
                            'interval' :[0, 10.]},
        {'name':'cubic', 'function':lambda x: x**3-2*x**2,
                            'interval':[0.1, 5.]},
            ]
def make_test_function(dic):
        return lambda self :\
                self.checkifzero(dic['function'],dic['interval'])
```

```
for data in test_data:
    setattr(Tests, "test_{name}".format(name=data['name']),
                                    make_test_function(data))
if __name__=='__main__':
  unittest.main()
```

在这个示例中，数据是作为一个字典列表提供的。make_test_function 函数动态生成一个测试函数，该函数使用特定的数据字典以使用上述定义的方法 checkifzero 来执行测试。最后，命令 setattr 用于使这些测试函数成为 Tests 类测试的方法。

13.5　断言工具

本节收集了用于引发 AssertionError 的最重要的工具——assert 命令和来自 unittest 的两个工具，即 assertAlmostEqual。表 13.1 总结了最重要的断言工具和相关模块。

表 13.1　　　　　　　　　Python 中的断言工具 unittest 和 NumPy

断言工具和应用示例	模块
assert 5==5	—
assertEqual(5.27, 5.27)	unittest.TestCase
assertAlmostEqual(5.24, 5.2, places = 1)	unittest.TestCase
assertTrue(5 > 2)	unittest.TestCase
assertFalse(2 < 5)	unittest.TestCase
assertRaises(ZeroDivisionError,lambda x: 1/x, 0.)	unittest.TestCase
assertIn(3,{3,4})	unittest.TestCase
assert_array_equal(A, B)	numpy.testing
assert_array_almost_equal(A, B, decimal=5)	numpy.testing
assert_allclose(A, B, rtol=1.e-3,atoll=1.e-5)	numpy.testing

13.6　浮点值比较

两个浮点数不能用==进行比较，因为计算结果由于舍入误差而往往略微偏离。有许多工具可以测试浮点是否相等。首先，allclose 检验了两个数组几乎相等，其可以用于测试如下所示的函数：

```
self.assertTrue(allclose(computed, expected))
```

其中，self 指的是一个 unittest.Testcase 实例。还有在 numpy 包 testing 中的测试工具。这些都通过如下方式引入：

```
import numpy.testing
```

使用 numpy.testing.assert_array_allmost_equal 或 numpy.testing.assert_allclose 来测试两个标量或两个数组是否相等。这些方法在描述所需精度的方式上有所不同，见表 13.1。

QR 因式分解将给定矩阵分解为如下示例中给出的正交矩阵 *Q* 和上三角矩阵 *R* 的乘积：

```
import scipy.linalg as sl
A=rand(10,10)
[Q,R]=sl.qr(A)
```

该方法是否被正确应用？可以通过验证 *Q* 确实是一个正交矩阵来检验，如下所示：

```
import numpy.testing as npt
npt.assert_allclose(
                dot(Q.T,self.Q),identity(Q.shape[0]),atol=1.e-12)
```

此外，可以通过检验 *A=QR* 进行可用性测试：

```
import numpy.testing as npt
npt.assert_allclose(dot(Q,R),A))
```

所有这些都可以收集到如下所示的 unittest 测试用例中：

```
import unittest
import numpy.testing as npt
from scipy.linalg import qr
from scipy import *

class TestQR(unittest.TestCase):
    def setUp(self):
        self.A=rand(10,10)
          [self.Q,self.R]=qr(self.A)
```

```
    def test_orthogonal(self):
        npt.assert_allclose(
            dot(self.Q.T,self.Q),identity(self.Q.shape[0]),
                                          atol=1.e-12)
    def test_sanity(self):
            npt.assert_allclose(dot(self.Q,self.R),self.A)

if __name__=='__main__':
    unittest.main()
```

在使用具有小元素的矩阵时，assert_allclose 中的参数 atol 默认值为 0，这通常会引发问题。

13.7 单元和功能测试

截至目前，我们只使用了功能测试。功能测试用于检验功能是否正确。对于二分算法，当有其中一个时，该算法确实会找到零点。在这个简单的示例中，单元测试是什么可能表述得不够清楚。虽然这可能看起来有些微不足道，但仍然有可能对二分法算法进行单元测试。下面将展示单元测试如何经常导致更多分层的实现。

所以，在二分法中，我们想检验一下，例如在每个步骤中都能够正确选择区间。这将如何实现？注意，使用当前的方法是绝对不可能实现的，因为算法隐藏在函数内。一个可能的补救办法是仅运行二分算法的一个步骤。由于所有步骤都相似，用户可能会认为已经测试了所有可能的步骤。还需要能够在算法的当前步骤中检验当前边界 a 和 b。因此，必须添加要作为参数运行的步骤数量，并更改函数的返回接口。执行操作如下代码：

```
def bisect(f,a,b,n=100):
    ...
    for iteration in range(n):
        ...
    return a,b
```

注意，为了适应这一变化，必须更改现有的单元测试。现在可以添加单元测试，如下所示：

```
def test_midpoint(self):
    a,b = bisect(identity,-2.,1.,1)
    self.assertAlmostEqual(a,-0.5)
    self.assertAlmostEqual(b,1.)
```

13.8 调试

测试时，有时需要调试，特别是不能立即搞清楚为什么给定的测试不能通过。在这种情况下，能够在交互式会话中调试给定的测试是有用的。然而，通过设计 unittest. TestCase 类，这样可以很容易地实现测试用例对象。解决方案是创建一个特殊的实例来进行调试。

假设在上面的 TestIdentity 类的示例中，要测试 test_functionality 方法。这将通过如下方式实现：

```
test_case = TestIdentity(methodName='test_functionality')
```

现在这个测试可以单独运行：

```
test_case.debug()
```

以上代码将运行这个单独的测试，并且其允许调试。

13.9 测试发现

如果用户编写了一个 Python 包，各种测试都可能通过这个包传播出来。discover 模块查找、导入和运行这些测试用例。命令行的基本调用是：

```
python -m unittest discover
```

它开始在当前目录中查找测试用例，并向下递归目录树来查找其名称中包含'test'字符串的 Python 对象。该命令采用可选参数。最重要的是，-s 用来修改启动目录，-p 用来定义模式以识别测试：

```
python -m unittest discover -s '.' -p 'Test*.py'
```

13.10 测量执行时间

为了选定代码优化方案，通常需要比较几种代码替代方案，并根据执行时间决定哪些代码应该是首选的。此外，讨论执行时间是比较不同算法时的一个问题。在本节中，我们提供一种简单易行的方法来测量执行时间。

13.10.1 用魔法函数计时

测量单个语句执行时间的最简单的方法是使用 IPython 的魔法函数 %timeit。

 Shell IPython 为标准 Python 添加了额外的功能。这些额外的函数称为魔法函数。

由于单个语句的执行时间可能非常短，因此语句置于循环中并执行了多次。通过计算最小测量时间，可以确保计算机上运行的其他任务不会对测量结果造成太大影响。下面考虑 4 种从数组中提取非零元素的方法，如下所示：

```
A=zeros((1000,1000))
A[53,67]=10

def find_elements_1(A):
    b = []
    n, m = A.shape
    for i in range(n):
        for j in range(m):
            if abs(A[i, j]) > 1.e-10:
                b.append(A[i, j])
    return b

def find_elements_2(A):
    return [a for a in A.reshape((-1, )) if abs(a) > 1.e-10]

def find_elements_3(A):
    return [a for a in A.flatten() if abs(a) > 1.e-10]

def find_elements_4(A):
    return A[where(0.0 != A)]
```

使用 IPython 的魔法函数 %timeit 测量时间将得到如下结果：

```
In [50]: %timeit -n 50 -r 3 find_elements_1(A)
50 loops, best of 3: 585 ms per loop
```

```
In [51]: %timeit -n 50 -r 3 find_elements_2(A)
50 loops, best of 3: 514 ms per loop

In [52]: %timeit -n 50 -r 3 find_elements_3(A)
50 loops, best of 3: 519 ms per loop

In [53]: %timeit -n 50 -r 3 find_elements_4(A)
50 loops, best of 3: 7.29 ms per loop
```

参数-n 用来控制在测量时间之前执行语句的频率，-r 参数用来控制重复次数。

13.10.2　使用 Python 的 timeit 计时模块

Python 提供了一个 timeit 模块，可以用来测量执行时间。它要求首先构建时间对象。其由两个字符串构成：一个是带有 setup 命令的字符串，另一个是带有待执行命令的字符串。本节采用与上述示例相同的 4 种替代方案。现在数组和函数定义写在一个名为 setup_statements 的字符串中，4 次对象的构建如下：

```python
import timeit
setup_statements="""
from scipy import zeros
from numpy import where
A=zeros((1000,1000))
A[57,63]=10.

def find_elements_1(A):
    b = []
    n, m = A.shape
    for i in range(n):
        for j in range(m):
            if abs(A[i, j]) > 1.e-10:
                b.append(A[i, j])
    return b

def find_elements_2(A):
    return [a for a in A.reshape((-1,)) if abs(a) > 1.e-10]

def find_elements_3(A):
    return [a for a in A.flatten() if abs(a) > 1.e-10]

def find_elements_4(A):
    return A[where( 0.0 != A)]
```

```
"""
experiment_1 = timeit.Timer(stmt = 'find_elements_1(A)',
                            setup = setup_statements)
experiment_2 = timeit.Timer(stmt = 'find_elements_2(A)',
                            setup = setup_statements)
experiment_3 = timeit.Timer(stmt = 'find_elements_3(A)',
                            setup = setup_statements)
experiment_4 = timeit.Timer(stmt = 'find_elements_4(A)',
                            setup = setup_statements)
```

计时器对象具有 repeat 方法，并且需要 repeat 和 number 参数。它在循环中执行计时器对象的语句、测量时间，并重复与 repeat 参数对应的实验，如下所示：

继续上述示例并测量执行时间，如下所示：

```
t1 = experiment_1.repeat(3,5)
t2 = experiment_2.repeat(3,5)
t3 = experiment_3.repeat(3,5)
t4 = experiment_4.repeat(3,5)
# Results per loop in ms
min(t1)*1000/5 # 615 ms
min(t2)*1000/5 # 543 ms
min(t3)*1000/5 # 546 ms
min(t4)*1000/5 # 7.26 ms
```

与前面示例中的方法相比，上述代码获得了所有得到的测量值的列表。因为计算时间可能会根据计算机的总体负载而发生变化，这样列表中的最小值可以被视为执行语句所需的计算时间的极近似值。

13.10.3　用上下文管理器计时

最后说明第三种方法，其用于展示上下文管理器的另一应用程序。首先构建一个上下文管理器对象来测量经过的时间，如下所示：

```
import time
class Timer:
    def __enter__(self):
        self.start = time.time()
        # return self
    def __exit__(self, ty, val, tb):
        end = time.time()
        self.elapsed=end-self.start
```

```
print('Time elapsed {} seconds'.format(self.elapsed))
return False
```

回想一下，__enter__ 和 __exit__ 方法使这个类成为一个上下文管理器。__exit__ 方法的参数 ty、val 和 tb 在正常情况下为 None。如果在执行期间引发异常，它们将使用异常类型、其值和追溯信息。返回 False 表示该异常迄今尚未被捕捉到。

使用上下文管理器来测量上一个示例中的 4 个选项的执行时间，如下所示：

```
with Timer():
  find_elements_1(A)
```

然后，该代码将显示一个消息，如 15.0129795074 ms。

如果计时结果在变量中可访问，则 enter 方法必须返回 Timer 实例（取消注释 return 语句），并且必须使用 with ...as...构架，如下所示：

```
with Timer() as t1:
    find_elements_1(A)
t1.elapsed # contains the result
```

13.11 小结

没有测试就没有程序开发！本章说明了组织良好并有文件记录的测试的重要性。一些专业人士甚至通过首先指定测试来开始开发。模块 unittest 是用来进行自动测试的一个有用工具。虽然测试提高了代码的可靠性，但需要进行分析以提高性能。代码的替代方法可能会导致很大的性能差异。本章还介绍了测量计算时间的方法以及对代码中的瓶颈进行本地化的方法。

13.12 练习

练习 1 如果存在矩阵 S，则两个矩阵 A，B 称为相似，使得 $B = S^{-1}A$，S、A 和 B 具有相同的特征值。通过比较它们的特征值，编写一个用来检验两个矩阵是否相似的测试程序。该程序是功能测试，还是单元测试？

练习 2 创建两个大维度向量。比较各种方式的执行时间来计算其 dot 积。

- SciPy 函数：dot(v,w)

- 生成器及总和：sum((x*y for x,y in zip(v,w)))

- 综合列表及总和：sum([x*y for x,y in zip(v,w)])

练习 3　假设 *u* 为向量，矢量 *v* 与组件

$$v_i = \frac{u_i + u_{i+1} + u_{i+2}}{3}$$

被称为 *u* 的移动平均值。确定用来计算 *v* 的两个替代方案中哪一个更快：

```
v = (u[:-2] + u[1:-1] + u[2:]) / 3
```

或

```
v = array([(u[i] + u[i + 1] + u[i + 2]) / 3
  for i in range(len(u)-3)])
```

第 14 章
综合示例

本章将介绍一些全面且更长的示例，并简要介绍其理论背景及其完整实现。我们希望通过这种方式向读者展示如何在实践中使用本书中定义的概念。

14.1　多项式

首先通过设计一个多项式的类来展示迄今为止已经展示过的 Python 结构的强大功能。首先说明理论背景，这将引导我们列出需求，然后给出代码以及注释。

注意，该类在概念上不同于 `numpy.poly1d` 类。

14.1.1　理论背景

多项式 $p(x) = a_n x^n + a_{n-1} x^{n-1} + \cdots + a_1 x + a_0$ 由其复杂度、表示法及系数定义。上述等式中所示的多项式表示被称为单项表示。在该表示中，多项式写作单项式 x^i 的线性组合。或者，多项式也可以写作如下。

- 具有系数 c_i 和 n 点的牛顿表示法，$x_0, \ldots, x_{n-1}$: $p(x) = c_0 + c_1(x-x_0) + c_2(x-x_0)(x-x_1) + \cdots + c_n(x-x_0) \ldots (x-x_{n-1})$

- 具有系数 y_i 和 $n+1$ 点的拉格朗日表示法，$x_0, \ldots, x_n : p(x) = y_0 l_0(x) + y_1 l_1(x) + \cdots + y_n l_n(x)$

  以及基本函数：

$$l_i(x) = \prod_{j=0, j \neq i}^{n} \frac{x - x_i}{x_j - x_i}$$

有无数的表示法，但这里只讨论这 3 种典型的表示法。

可以从内插条件确定多项式，如下所示：

$$p(x_i) = y_i \quad i = 0, \cdots, n$$

给出有区别的值 x_i 和任意值 y_i 作为输入。在拉格朗日公式中，因为其系数是插值数据，所以可以直接使用内插多项式。牛顿表示法中的插值多项式的系数可以通过递归公式获得，称为分割差分公式，如下所示：

$c_{i,0} = y_i$，以及

$$c_{i,j} = \frac{c_{i+1,j-1} - c_{i,j-1}}{x_{i+j} - x_i}$$

最后，可以设置 $c_i := c_{0,i}$。

通过求解线性系统将获得在单项表示法中内插多项式的系数：

$$\begin{pmatrix} x_0^n & x_0^{n-1} & \cdots & x_0^1 & x_0^0 \\ x_1^n & x_1^{n-1} & \cdots & x_1^1 & x_1^0 \\ & & \vdots & & \\ x_n^n & x_n^{n-1} & \cdots & x_n^1 & x_n^0 \end{pmatrix} \begin{pmatrix} a_n \\ a_{n-1} \\ \vdots \\ a_0 \end{pmatrix} = \begin{pmatrix} y_0 \\ y_1 \\ \vdots \\ y_n \end{pmatrix}$$

具有给定多项式 p（或其倍数）作为其特征多项式的矩阵称为伴随矩阵。伴随矩阵的特征值是多项式的零点（根）。可以通过首先创建其伴随矩阵，然后用 eig 来计算特征值来构建用于计算 p 的零点的算法。牛顿表示法中多项式的伴随矩阵如下所示：

$$\begin{pmatrix} x_0 & & & & & -c_{0,0} \\ 1 & x_1 & & & & -c_{0,1} \\ & 1 & x_2 & & & -c_{0,2} \\ & & \ddots & \ddots & & \vdots \\ & & & 1 & x_{n-2} & -c_{0,n-2} \\ & & & & 1 & x_{n-1} - c_{0,n-1} \end{pmatrix}$$

14.1.2 任务

现在来制订一些编程任务。

（1）使用 points、degree、coeff 以及 basis 属性编写一个名为 PolyNomial 的类，其中：

- points 是元组列表（x_i, y_i）。

- degree 是相应插值多项式的复杂度。

- coeff 包含多项式系数。

- basis 用于说明使用了哪种表示法的字符串。

（2）为类提供一个用来评估在给定点的多项式的方法。

（3）为类提供一个名为 plot 的方法，该方法可以在给定的区间内绘制多项式。

（4）编写一个名为__add__的方法，该方法将返回一个为两个多项式总和的多项式。注意，只有在单项式的情况下才可以通过将系数相加来计算总和。

（5）编写一个用来计算由单项式格式表示的多项式系数的方法。

（6）编写一个用来计算多项式伴随矩阵的方法。

（7）编写一种通过计算伴随矩阵的特征值来计算多项式的零点的方法。

（8）编写一个用来计算多项式的方法，该多项式是给定多项式的第 i 个导数。

（9）编写一个用来检验两个多项式是否相等的方法。可以通过比较所有系数来检验是否相等（零系数不重要）。

14.2　多项式类

现在设计基于多项式的单项式公式的多项式基类。可以通过给出其相对于单项式基础的系数或给出插值点列表来对多项式进行初始化，如下所示：

```
import scipy.linalg as sl

class PolyNomial:
    base='monomial'
    def __init__(self,**args):
        if 'points' in args:
            self.points = array(args['points'])
            self.xi = self.points[:,0]
            self.coeff = self.point_2_coeff()
            self.degree = len(self.coeff)-1
        elif 'coeff' in args:
            self.coeff = array(args['coeff'])
            self.degree = len(self.coeff)-1
            self.points = self.coeff_2_point()
```

```
        else:
            self.points = array([[0,0]])
            self.xi = array([1.])
            self.coeff = self.point_2_coeff()
            self.degree = 0
```

新类的 `__init__` 方法使用 `** args` 结构（见第 7.2 节）。如果没有给出参数，则假定为零多项式；如果多项式由插值点给出，则通过求解范德蒙德系统系统计算系数。具体方法如下所示：

```
def point_2_coeff(self):
    return sl.solve(vander(self.x),self.y)
```

如果给定 k 个系数，则 k 个插值点通过如下方法构建：

```
def coeff_2_point(self):
    points = [[x,self(x)] for x in linspace(0,1,self.degree+1)]
    return array(points)
```

`self(x)` 命令通过提供方法 `__call__` 来实现，用于执行多项式评估：

```
def __call__(self,x):
    return polyval(self.coeff,x)
```

在这里（参见第 8.2.1 节中的示例），该方法使用了命令 `polyval`。针对下一步，为了方便起见，这里增加了两种 property 方法，使用 property 装饰器进行装饰（见第 7.8 节）：

```
@property
def x(self):
    return self.points[:,0]
@property
def y(self):
    return self.points[:,1]
```

对上述代码进行说明。定义一个方法，提取用于定义多项式的数据的 x 值。同样，我们也定义了用于提取数据的 y 值的方法。使用 property 装饰器，调用该方法的结果表示为好像它只是多项式的一个属性。它有如下两种编码方式。

1. 使用一个方法调用：

```
def x(self):
```

```
return self.interppoints[:,0]
```

这可以通过调用 p.x() 来访问 x 值。

2. 使用 property 装饰器。使用 p.x 语句来访问 x 值。

这里选择第二种变体。定义 __repr__ 方法始终是一个很好的实践（见第 8.2.4 节）。至少可以用来快速检验结果，这种方法很有用，如下所示：

```
def __repr__(self):
    txt = 'Polynomial of degree {degree} \n'
    txt += 'with coefficients {coeff} \n in {base} basis.'
    return txt.format(coeff=self.coeff, degree=self.degree,
                                        base=self.base)
```

现在要提供一种用来绘制多项式的方法，如下所示：

```
margin = 0.05
plotres = 500
def plot(self,ab=None,plotinterp=True):
    if ab is None: # guess a and b
        x = self.x
        a, b = x.min(), x.max()
        h = b-a
        a -= self.margin*h
        b += self.margin*h
    else:
        a,b = ab
    x = linspace(a,b,self.plotres)
    y = vectorize(self.__call__)(x)
    plot(x,y)
    xlabel('$x$')
    ylabel('$p(x)$')
    if plotinterp:
        plot(self.x, self.y, 'ro')
```

注意 vectorize 命令的使用（见第 4.2 节）。__call__ 方法是针对于单项式表示法的，如果要在另一个基础上表示多项式，则必须进行更改。这也是用于计算多项式的伴随矩阵的情况，如下所示：

```
def companion(self):
    companion = eye(self.degree, k=-1)
    companion[0,:] -= self.coeff[1:]/self.coeff[0]
```

```
    return companion
```

一旦伴随矩阵可用，多项式的零点将由特征值给出，如下所示：

```
def zeros(self):
    companion = self.companion()
    return sl.eigvals(companion)
```

为此，必须先从 scipy.linalg 导入函数 eigvals。下面给出一些使用示例。

首先从给定的插值点创建一个多项式实例：

```
p = PolyNomial(points=[(1,0),(2,3),(3,8)])
```

相对于单项式基础的多项式系数可用作 p 的属性：

```
p.coeff # returns array([ 1., 0., -1.])
```

这与多项式 $p(x) = 1x^2 + 0x - 1$ 相对应。通过 p.plot(-3.5,3.5) 获得多项式的默认绘图，如图 14.1 所示。

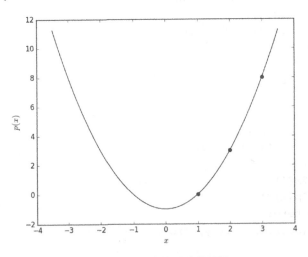

图 14.1　多项式绘图法的结果

最后计算多项式的零点，其在这种情况下是两个实数：

```
pz = p.zeros() # returns array([-1.+0.j, 1.+0.j])
```

可以通过评估在这些点上的多项式来验证结果，如下所示：

```
p(pz) # returns array([0.+0.j, 0.+0.j])
```

14.3 牛顿多项式

NewtonPolyNomial 类定义了关于牛顿基础描述的多项式。可以通过使用 super 命令（见第 8.3 节）从多项式基类继承一些常用的方法，例如 polynomial.plot、polynomial.zeros，甚至是部分 __init__ 方法。

```
class NewtonPolynomial(PolyNomial):
    base = 'Newton'
    def __init__(self,**args):
        if 'coeff' in args:
            try:
                self.xi = array(args['xi'])
            except KeyError:
                raise ValueError('Coefficients need to be given'
                'together with abscissae values xi')
        super(NewtonPolynomial, self).__init__(**args)
```

一旦给出了内插点，系数的计算就可以通过如下方式执行：

```
def point_2_coeff(self):
    return array(list(self.divdiff()))
```

这里使用了分差来计算多项式的牛顿表示法，该方法被编程为一个生成器，如下所示：

```
def divdiff(self):
    xi = self.xi
    row = self.y
    yield row[0]
    for level in range(1,len(xi)):
        row = (row[1:] - row[:-1])/(xi[level:] - xi[:-level])
        if allclose(row,0): # check: elements of row nearly zero
            self.degree = level-1
            break
        yield row[0]
```

简单地检验一下该段代码的执行，如下所示：

```
pts = array([[0.,0],[.5,1],[1.,0],[2,0.]]) # here we define the
```

```
    interpolation data: (x,y) pairs
pN = NewtonPolynomial(points=pts) # this creates an instance of the
    polynomial class
pN.coeff # returns the coefficients array([ 0. , 2. , -4. ,
    2.66666667])
print(pN)
```

print 函数执行基类的 __repr__ 方法，并返回如下文本：

```
Polynomial of degree 3
    with coefficients [ 0.    2.    -4.    2.66666667]
    in Newton basis.
```

多项式评估与相应的基类的方法不同。Newton.PolyNomial.__call__ 方法需要重写 Polynomial.__call__。

```
def __call__(self,x):
    # first compute the sequence 1, (x-x_1), (x-x_1)(x-x_2),...
    nps = hstack([1., cumprod(x-self.xi[:self.degree])])
    return dot(self.coeff, nps)
```

最后给出伴随矩阵的代码，其将覆盖相应的父类的方法，如下所示：

```
def companion(self):
    degree = self.degree
    companion = eye(degree, k=-1)
    diagonal = identity(degree,dtype=bool)
    companion[diagonal] = self.x[:degree]
    companion[:,-1] -= self.coeff[:degree]/self.coeff[degree]
    return companion
```

注意布尔数组的使用。

14.4 谱聚类算法

特征向量的一个有趣的应用是聚类数据。使用从距离矩阵导出的矩阵的特征向量，可以对未标记的数据进行分组。谱聚类方法由矩阵的谱的使用而得名。n 个元素的距离矩阵（例如数据点之间的成对距离）是 $n×n$ 对称矩阵。假设给定一个距离值为 m_{ij} 的 $n×n$ 距离矩阵 M，可以创建数据点的拉普拉斯矩阵，如下所示：

$$L = I - D^{-1/2}MD^{-1/2}$$

这里，I 是单位矩阵，D 是包含 M 的行和的对角矩阵：

$$D = \text{diag}(d_i), d_i = \sum_j m_{ij}$$

从 L 的特征向量获得数据聚类。在仅具有两个类的数据点这种最简单的情况下，第一特征向量（即对应于最大特征值的向量）通常足以分离数据。

这是一个简单的二类聚类的示例。以下代码根据拉普拉斯矩阵的第一个特征向量创建了一些二维数据点并进行聚类：

```
import scipy.linalg as sl

# create some data points
n = 100
x1 = 1.2 * random.randn(n, 2)
x2 = 0.8 * random.randn(n, 2) + tile([7, 0],(n, 1))
x = vstack((x1, x2))

# pairwise distance matrix
M = array([[ sqrt(sum((x[i] - x[j])**2))
                            for i in range(2*n)]
                          for j in range(2 * n)])

# create the Laplacian matrix
D = diag(1 / sqrt( M.sum(axis = 0) ))
L = identity(2 * n) - dot(D, dot(M, D))

# compute eigenvectors of L
S, V = sl.eig(L)
# As L is symmetric the imaginary parts
# in the eigenvalues are only due to negligible numerical errors S=S.real
V=V.real
```

对应于最大特征值的特征向量给出分组（例如，通过在 0 处进行阈值处理），并且可以通过如下方式来展示：

```
largest=abs(S).argmax()
plot(V[:,largest])
```

图 14.2 展示了一个简单的二类数据集的谱聚类结果。

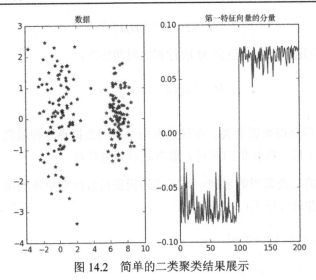

图 14.2　简单的二类聚类结果展示

对于更复杂的数据集和更多的类，通常会取与 k 个最大特征值相对应的 k 个特征向量，然后用其他方法对数据进行聚类（这里使用的是特征向量而不是原始数据点）。通常会选择 k 均值聚类算法（这将在下一个示例中重点说明）。

特征向量被用作 k 均值聚类的输入，如下所示：

```
import scipy.linalg as sl
import scipy.cluster.vq as sc
# simple 4 class data
x = random.rand(1000,2)
ndx = ((x[:,0] < 0.4) | (x[:,0] > 0.6)) &
                    ((x[:,1] < 0.4) | (x[:,1] > 0.6))
x = x[ndx]
n = x.shape[0]

# pairwise distance matrix
M = array([[ sqrt(sum((x[i]-x[j])**2)) for i in range(n) ]
                                    for j in range(n)])

# create the Laplacian matrix
D = diag(1 / sqrt( M.sum(axis=0) ))
L = identity(n) - dot(D, dot(M, D))

# compute eigenvectors of L
_,_,V = sl.svd(L)

k = 4
```

```
# take k first eigenvectors
eigv = V[:k,:].T

# k-means
centroids,dist = sc.kmeans(eigv,k)
clust_id = sc.vq(eigv,centroids)[0]
```

注意，这里使用奇异值分解来计算特征向量 sl.svd。由于 L 是对称的，所以结果与使用 sl.eig 所得到的结果一样，但特征向量已经按照特征值的排序进行排序。我们也使用了临时变量。svd 返回具有 3 个数组的列表——分别为左奇异向量 U、右奇异向量 V 以及奇异值 S，如下所示：

```
U, S, V = sl.svd(L)
```

因为这里不需要 U 和 S，所以可以在解包 svd 的返回值时将其省略：

```
_, _, V = sl.svd(L)
```

其结果可以通过如下方式来绘制：

```
for i in range(k):
    ndx = where(clust_id == i)[0]
    plot(x[ndx, 0], x[ndx, 1],'o')
axis('equal')
```

图 14.3 展示了一个简单的 4 类数据集的谱聚类示例的结果。

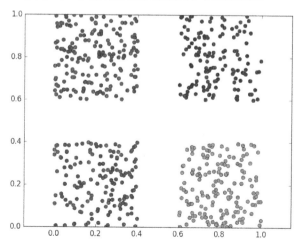

图 14.3　一个简单的 4 类数据集的谱聚类示例

14.5 解决初始值问题

本节将考虑数学求解给定初始值的普通方程组的数学任务，如下所示：

$$y'(t) = f(t,y) \quad y(t_0) = y_0 \in \mathbb{R}^n$$

这个问题的解决方法是使用函数 y。数值方法旨在计算离散点处的极近似值，即在有效区间 $[t_0,\ t_e]$ 内当 $y_i \approx y(t_i)$ 时临界点 t_i 的值。收集用于描述类中的问题的数据，如下所示：

```
class IV_Problem:
    """
    Initial value problem (IVP) class
    """
    def __init__(self, rhs, y0, interval, name='IVP'):
        """
        rhs 'right hand side' function of the ordinary differential
                                                equation f(t,y)
        y0 array with initial values
        interval start and end value of the interval of independent
        variables often initial and end time
        name descriptive name of the problem
        """
        self.rhs = rhs
        self.y0 = y0
        self.t0, self.tend = interval
        self.name = name
```

如下微分方程：

$$y'(t) = \begin{pmatrix} y_1'(t) \\ y_2'(t) \end{pmatrix} = \begin{pmatrix} y_2(t) \\ g/l \sin y_1(t) \end{pmatrix} \text{ 且 } y_0 = \begin{pmatrix} \pi/2 \\ 0 \end{pmatrix}$$

描述了一个数学单摆运动，y_1 描述了其相对于垂直轴的角度，g 是引力常数，l 是其长度。初始角度为 $\pi/2$，初始角速度为 0。

单摆运动问题变为有关类的问题的一个实例，如下所示：

```
def rhs(t,y):
    g = 9.81
    l = 1.
    yprime = array([y[1], g / l * sin(y[0])])
```

```
    return yprime

pendulum = IV_Problem(rhs, array([pi / 2, 0.]), [0., 10.] ,
                                        'mathem. pendulum')
```

对于以上问题，读者可能会有不同的看法，这也会导致类的设计的差异。例如，可能欲将独立变量的区间（而不是问题定义）作为解决方案的一部分。考虑初始值时也是如此。正如以上的操作方法，初始值可能会被视为数学问题的一部分，而其他作者可能希望通过将初始值的变量作为解决方案的一部分来实现。

解决过程被建模为另一个类，如下所示：

```
class IVPsolver:
    """
    IVP solver class for explicit one-step discretization methods
    with constant step size
    """
    def __init__(self, problem, discretization, stepsize):
        self.problem = problem
        self.discretization = discretization
        self.stepsize = stepsize
    def one_stepper(self):
        yield self.problem.t0, self.problem.y0
        ys = self.problem.y0
        ts = self.problem.t0
        while ts <= self.problem.tend:
            ts, ys = self.discretization(self.problem.rhs, ts, ys,
                                            self.stepsize)
            yield ts, ys
    def solve(self):
        return list(self.one_stepper())
```

先通过定义两个离散方案来继续探讨上述问题。

- 显式欧拉方法：

```
def expliciteuler(rhs, ts, ys, h):
    return ts + h, ys + h * rhs(ts, ys)
```

- 经典 Runge-Kutta 四步法（Runge-Kutta four-stage method，RK4）：

```
def rungekutta4(rhs, ts, ys, h):
    k1 = h * rhs(ts, ys)
```

```
k2 = h * rhs(ts + h/2., ys + k1/2.)
k3 = h * rhs(ts + h/2., ys + k2/2.)
k4 = h * rhs(ts + h, ys + k3)
return ts + h, ys + (k1 + 2*k2 + 2*k3 + k4)/6.
```

可以通过以上方法来创建实例，由此来获得相应的单摆运动常微分方程的离散版本如下：

```
pendulum_Euler = IVPsolver(pendulum, expliciteuler, 0.001)
pendulum_RK4 = IVPsolver(pendulum, rungekutta4, 0.001)
```

可以求解两个离散模型并绘制答案和角度差，如下所示：

```
sol_Euler = pendulum_Euler.solve()
sol_RK4 = pendulum_RK4.solve()
tEuler, yEuler = zip(*sol_Euler)
tRK4, yRK4 = zip(*sol_RK4)
subplot(1,2,1), plot(tEuler,yEuler),\
        title('Pendulum result with Explicit Euler'),\
        xlabel('Time'), ylabel('Angle and angular velocity')
subplot(1,2,2), plot(tRK4,abs(array(yRK4)-array(yEuler))),\
        title('Difference between both methods'),\
        xlabel('Time'), ylabel('Angle and angular velocity')
```

这里值得讨论一下替代类设计。应该在单独的类中放什么？哪些应该被归到同一类？

- 要完全将数学问题与数值方法区分开。初始值应该归在哪里？它们应该是问题的一部分，还是求解程序的一部分？抑或将它们作为求解程序实例的求解方法的输入参数？读者甚至可以设计程序，因此会有多种可能的解决方案。使用哪种解决方案取决于未来该程序的使用。通过将初始值作为求解方法的输入参数，可以使参数识别中的各种初始值求解方法更容易。此外，使用相同的初始值来模拟不同的模型变体将会促使将初始值耦合到该问题。

- 我们只简单提出了具有常数和给定步长的求解程序。在给定了公差而不是步长的情况下，IVPsolver 类的设计是否与未来自适应方法的扩展相适应？

- 之前建议使用生成器架构来进行步进机制。自适应方法需要不时地拒绝步骤。这是否需要与 IVPsolver.onestepper 中的步进机制的设计相冲突？

- 鼓励用户检验两个用来解决初始值问题的 SciPy 工具的设计，即 scipy.integrate.ode 和 scipy.integrate.codeint。

图 14.4 为使用显式欧拉方法的摆仿真与更精确的 Runge-Kutta 4 方法所得结果的比较。

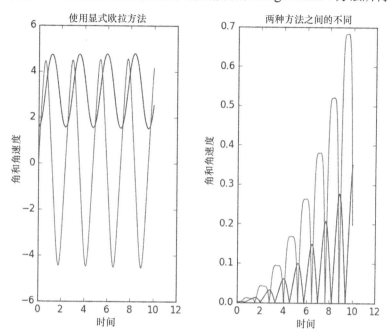

图 14.4　使用显式欧拉方法的摆仿真与更精确的 Runge-Kutta 4 方法所得结果的比较

14.6　小结

本书的大部分内容都可以归纳在本章 3 个较长的示例中。这些示例模仿代码开发并提供原型，这可以鼓励读者去调整并正视自己的观点。

科学计算中的代码可以有自己的风格，这是因为它与数学定义的算法高度相关，通常情况下，明智的做法是保持代码和公式之间的关系可见，而 Python 已经有了这方面的技术。

14.7　练习

练习 1　实现方法`__add__`，该方法通过添加两个给定的多项式 p 和 q 来构建一个新的多项式 $p+q$。在单项式中，通过添加系数来加上多项式，而在牛顿形式中，系数取决于插值点的横坐标 x_i。在添加两个多项式的系数之前，多项式 q 必须得到具有横坐标 x_i 与 p 一致的属性的新插值点，并且必须为此提供方法`__changepoints__`。它应该更改插值点并返回一组新的系数。

练习 2 编写转换方法将多项式从牛顿形式转换为单项式，并且反之亦然。

练习 3 编写一个名为 add_point 的方法，该方法以多项式 q 和元组 (x, y) 为参数，并返回一个插入 self.points 和 (x, y) 的新多项式。

练习 4 编写一个名为 LagrangePolynomial 的类，它以拉格朗日形式实现多项式，并尽可能地从多项式基类中继承。

练习 5 编写用于多项式类的测试代码。

第 15 章
符号计算——SymPy

本章将简要介绍如何使用 Python 进行符号计算。市场上有用于符号计算的强大软件，例如 Maple™ 或 Mathematica™。但有时在用户习惯使用的语言或框架中进行符号计算可能会更好。本章假设使用的语言是 Python，所以要在 Python 中寻求一个工具——SymPy 模块。

关于 SymPy 的完整描述甚至可以写成一本书，但这不是本章的目的。本章将通过一些指导性的示例来探索该工具的使用方法，这样就可以把该工具的潜在功能变成 NumPy 和 SciPy 的补充。

15.1 什么是符号计算

截至目前，本书中出现的计算均为数值计算，它们是以浮点数为主的一系列计算。数值计算的本质是其结果为精确解的近似值。

符号计算运用于公式和符号，这是通过将它们转换为其他公式来实现的（正如微积分中所提到的）。转换最后一步可能需要插入数字并进行数值计算。

下面通过计算这个确定的积分来说明差异：

$$\int_0^4 \frac{1}{x^2 + x + 1} dx$$

这个表达式可以象征性地通过考虑被积函数的原始函数来进行转换：

$$\frac{2}{\sqrt{3}} \arctan\left(\frac{2x+1}{\sqrt{3}}\right)$$

现在要通过插入积分范围来获得用于定积分的公式，如下所示：

$$\int_0^4 \frac{1}{x^2+x+1}\,dx = \frac{\sqrt{3}}{9}\left(-\pi + 6\arctan\left(3\sqrt{3}\right)\right)$$

　　这被称为积分的闭合表达式。很少有用闭合表达式来表示答案的数学问题。闭合表达式是没有任何近似值的积分的精确值，也不会通过将实数表示为浮点数来引发错误，否则会引发舍入误差。

　　当最后一刻需要评估这些表达式时，近似值和舍入才会发挥作用。平方根和反正切值只能通过数值方法进行评估。这样的评估将会得到能够达到一定精度（通常是未知的）的结果：

$$\int_0^4 \frac{1}{x^2+x+1}\,dx \approx 0.9896614396123$$

　　此外，数值计算将通过一些近似值方法（例如辛普森规则）直接逼近确定积分，并且通常以误差估计值传递数值结果。在 Python 中，这是通过如下命令完成的：

```
from scipy.integrate import quad
quad(lambda x : 1/(x**2+x+1),a=0, b=4)
```

　　以上命令返回值 0.9896614396122965 和误差范围的估计值 $1.1735663442283496 \times 10^{-8}$。

　　图 15.1 展示了数值和符号近似值的比较。

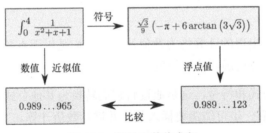

图 15.1　符号和数值求积

SymPy 示例说明

　　首先详细说明上述 SymPy 中分步骤解释的示例。首先导入如下模块：

```
from sympy import *
init_printing()
```

　　如果可能，第二个命令要确保公式以图形方式呈现，然后生成一个符号并定义被积函数，如下所示：

```
x = symbols('x')
f = Lambda(x, 1/(x**2 + x + 1))
```

x 现在是类型为 `Symbol` 的 **Python** 对象，f 是 **SymPy** `Lambda` 函数（注意以大写字母开头的命令）。

现在从积分的符号计算开始，如下所示：

```
integrate(f(x),x)
```

结果的呈现方式根据运行环境的不同而不同，示例如图 15.2 所示。图 15.2 展示了不同运行环境中 SymPy 公式的两个不同结果。

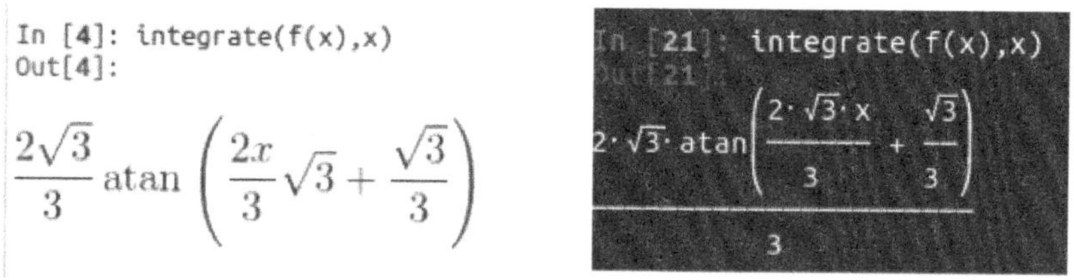

图 15.2 同一个公式在两种不同运行环境中的 SymPy 演示的截图

可以通过求导数来检查结果是否正确。为此，要为原始函数分配一个名称，并相对于 *x* 来求导数，如下所示：

```
pf = Lambda(x, integrate(f(x),x))
diff(pf(x),x)
```

所得结果如下：

$$\frac{4}{3\left(\frac{2x}{3}\sqrt{3}+\frac{\sqrt{3}}{3}\right)^2+3}$$

这可以通过使用如下命令进行简化：

```
simplify(diff(pf(x),x))
```

转化为：

$$\frac{1}{x^2 + x + 1}$$

此即预期的结果。

通过使用以下命令来获得定积分：

```
pf(4) - pf(0)
```

使用 `simplify` 进行简化后，将得到如下输出：

$$\frac{\sqrt{3}}{9}\left(-\pi + 6\arctan\left(3\sqrt{3}\right)\right)$$

要得到一个数值，最终要将这个表达式计算为一个浮点数：

```
(pf(4)-pf(0)).evalf() # returns 0.9896614396123
```

15.2　SymPy 的基本元素

本节将介绍 SymPy 的基本元素。熟悉 Python 中的类和数据类型是很有必要的。

15.2.1　符号——所有公式的基础

SymPy 中构建公式的基本组成元素是符号。如入门示例所示，符号由命令 `symbols` 创建。该 SymPy 命令从给定的字符串生成符号对象，如下所示：

```
x, y, mass, torque = symbols('x y mass torque')
```

上述命令实际上是如下命令的简写形式：

```
symbol_list=[symbols(l) for l in 'x y mass torque'.split()]
```

然后通过解包步骤来获取变量，如下所示：

```
x, y, mass, torque = symbol_list
```

该命令的参数定义了符号的字符串表示。符号的变量名通常与其字符串表示保持一致，但这不是语言所要求的，如下所示：

```
row_index=symbols('i',integer=True)
```

```
print(row_index**2) # returns i**2
```

这里还定义了符号被假定为一个整数。

可以按照非常紧凑的方式定义整组符号，如下所示：

```
integervariables = symbols('i:l', integer=True)
dimensions = symbols('m:n', integer=True)
realvariables = symbols('x:z', real=True)
```

同样，索引变量的符号可以通过如下代码来定义：

```
A = symbols('A1:3(1:4)')
```

上述代码将得到符号的元组，如下所示：

$$(A_{11}, A_{12}, A_{13}, A_{21}, A_{22}, A_{23})$$

索引范围的规则是在使用切片时了解到的规则（更多详细信息请参见第 3 章）。

15.2.2 数字

Python 直接评估对数字的运算，并引入不可避免的舍入误差，这将阻碍所有符号计算。对数字执行 **sympify** 命令时，这是可以避免的，如下所示：

```
1/3 # returns 0.3333333333333333
sympify(1)/sympify(3) # returns '1/3'
```

sympify 命令将整数转换为类型的对象 sympy.core.numbers.Integer。

不仅可以将 1/3 写为两个整数的运算，也可以通过 Rational（1,3）直接表示为有理数。

15.2.3 函数

SymPy 区分了定义和未定义的函数。术语"未定义的函数"（可能有点误导）是指用于没有特殊属性的通用函数的、定义明确的 Python 对象。

具有特殊属性的函数的一个示例是 atan 或本章入门示例中使用的 Lambda 函数。

注意，用于同一数学函数的不同实现的不同名称：sympy.atan 和 scipy.arctan。

未定义函数

通过给 symbols 命令提供一个额外的类参数来创建未定义函数的符号：

```
f, g = symbols('f g', cls=Function)
```

也可以通过使用 Function 构造函数来实现，如下所示：

```
f = Function('f')
g = Function('g')
```

可以使用未定义函数来评估微积分的一般规则。

例如，评估以下表达式：

$$\frac{\mathrm{d}}{\mathrm{d}x}f(xg(x))$$

这是通过使用以下命令在 Python 中进行象征性的计算：

```
x = symbols('x')
f, g = symbols('f g', cls=Function)
diff(f(x*g(x)),x)
```

执行上述代码将返回以下输出：

$$\left(x\frac{\mathrm{d}}{\mathrm{d}x}g(x) + g(x) \right)\frac{\mathrm{d}}{\mathrm{d}\xi_1}f(\xi_1)\Big|_{\xi_1=xg(x)}$$

该示例展示了应用产品规则和链规则的方法。

甚至可以使用未定义函数作为几个变量的函数，例如：

```
x = symbols('x:3')
f(*x)
```

上述代码将返回以下输出：

$$f(x_0, x_1, x_2)$$

注意使用星号运算符来解包一个元组以形成带参数的 f，具体请参见第 7.7 节。

通过使用列表推导，可以构造一个有关 *f* 的所有偏导数的列表，如下所示：

```
[diff(f(*x),xx) for xx in x]
```

这将返回一个包含元素 ∇f（*f* 的渐变）的列表：

$$\left[\frac{\partial}{\partial x_0} f(x_0,x_1,x_2), \quad \frac{\partial}{\partial x_1} f(x_0,x_1,x_2), \quad \frac{\partial}{\partial x_2} f(x_0,x_1,x_2) \right]$$

该命令也可以使用 `Function` 对象的 `diff` 方法重新编写，如下所示：

```
[f(*x).diff(xx) for xx in x]
```

另一种方法是泰勒级数展开法：

```
x = symbols('x')
f(x).series(x,0,n=4)
```

上述代码将返回泰勒公式以及由朗道符号表示的 rest term：

$$f(0) + xf'(0) + \frac{x^2}{2}\frac{\mathrm{d}}{\mathrm{d}x}f'(x)\Big|_{x=0} + \frac{x^3}{6}\frac{\mathrm{d}^2}{\mathrm{d}x^2}f'(x)\Big|_{x=0} + \mathcal{O}(x^4)$$

15.3 基本函数

SymPy 中基本函数的示例是三角函数及其反函数。以下示例说明了 simplify 如何作用于包括基本函数的表达式：

```
x = symbols('x')
simplify(cos(x)**2 + sin(x)**2) # returns 1
```

如下是使用基本函数的另一个示例：

```
atan(x).diff(x) - 1./(x**2+1) # returns 0
```

如果要同时使用 SciPy 和 SymPy，那么强烈建议在不同的命名空间中使用，如下所示：

```
import scipy as sp
import sympy as sym
# working with numbers
```

```
x=3
y=sp.sin(x)
# working with symbols
x=sym.symbols('x')
y=sym.sin(x)
```

Lambda -函数

在第 7.7 节中学习了如何在 Python 中定义所谓的匿名函数。SymPy 中的对应项由 Lambda 命令完成。请注意作为关键词的 lambda 和作为构造函数的 Lambda 的不同。

命令 Lambda 需要两个参数，即函数的独立变量的符号和一个用于评估函数的 SymPy 表达式。

如下示例是用空气阻力（也称为阻力）定义速度的函数：

```
C,rho,A,v=symbols('C rho A v')
# C drag coefficient, A coss-sectional area, rho density
# v speed
f_drag = Lambda(v,-Rational(1,2)*C*rho*A*v**2)
```

f_drag 显示为一个表达式：

$$\left(v \mapsto -\frac{AC}{2}\rho v^2 \right)$$

该函数可以按照通常的方式通过提供参数进行评估：

```
x = symbols('x')
f_drag(2)
f_drag(x/3)
```

这将得到如下给定的表达式：

$$-2.0AC\rho \qquad -\frac{AC}{18}\rho x^2$$

也可以通过提供几个参数来创建几个变量中的函数，例如：

```
t=Lambda((x,y),sin(x) + cos(2*y))
```

可以通过两种方式调用此函数，一种方式是直接提供几个参数，如下所示：

```
t(pi,pi/2) # returns -1
```

另一种方式是通过解包元组或列表来实现：

```
p=(pi,pi/2)
t(*p) # returns -1
```

SymPy 中的矩阵对象甚至可以定义向量值函数，如下所示：

```
F=Lambda((x,y),Matrix([sin(x) + cos(2*y), sin(x)*cos(y)]))
```

这能够用于计算雅可比矩阵：

```
F(x,y).jacobian((x,y))
```

其将得到以下表达式作为输出：

$$\begin{bmatrix} \cos(x) & -2\sin(2y) \\ \cos(x)\cos(y) & -\sin(x)\sin(y) \end{bmatrix}$$

在更多变量的情况下，使用更紧凑的形式来定义函数会比较便捷：

```
x=symbols('x:2')
F=Lambda(x,Matrix([sin(x[0]) + cos(2*x[1]),sin(x[0])*cos(x[1])]))
F(*x).jacobian(x)
```

15.4 符号线性代数

首先介绍符号线性代数——由 SymPy 的 matrix 数据类型支持。

然后，将提出一些关于线性代数方法作为该领域中符号计算的广泛可能性的示例。

符号矩阵

当讨论向量值函数时，我们简单地了解了矩阵数据类型，所看到的是其最简单的形式，该形式能够将列表转换为矩阵。下面构建一个旋转矩阵，如下示例所示：

```
phi=symbols('phi')
rotation=Matrix([[cos(phi), -sin(phi)],
                 [sin(phi), cos(phi)]])
```

使用 SymPy 矩阵时，必须注意运算符*，它用于执行矩阵乘法（其不作用于元素间），这是针对 NumPy 数组的情况。

可以通过使用矩阵乘法和矩阵转置来检验所定义的旋转矩阵的正交性：

```
simplify(rotation.T*rotation -eye(2)) # returns a 2 x 2 zero matrix
```

上述示例展示了如何转置创建单位矩阵。或者，可以检验该矩阵的逆矩阵是否是其转置矩阵，这可以通过如下方式实现：

```
simplify(rotation.T - rotation.inv())
```

创建矩阵的另一种方法是提供符号和形状的列表，如下所示：

```
M = Matrix(3,3, symbols('M:3(:3)'))
```

上述代码将创建如下矩阵：

$$\begin{pmatrix} M_{00} & M_{01} & M_{02} \\ M_{10} & M_{11} & M_{12} \\ M_{20} & M_{21} & M_{22} \end{pmatrix}$$

还可以通过给定函数生成矩阵元素来创建矩阵，语法如下：

```
Matrix(number of rows,number of colums, function)
```

通过考虑 Toeplitz 矩阵是具有恒定对角线的矩阵来举例说明上述矩阵。给定 $2n-1$ 个数据向量 a，其元素被定义为：

$$T_{ij} := a_{i-j+(n-1)} \quad \text{for} \ i,j = 0,\cdots,n-1$$

在 SymPy 中，可以通过直接使用该定义来定义矩阵，如下所示：

```
def toeplitz(n):
    a = symbols('a:'+str(2*n))
    f = lambda i,j: a[i-j+n-1]
    return Matrix(n,n,f)
```

执行上述代码代码将得到 toeplitz (5)：

$$\begin{pmatrix} a_4 & a_3 & a_2 & a_1 & a_0 \\ a_5 & a_4 & a_3 & a_2 & a_1 \\ a_6 & a_5 & a_4 & a_3 & a_2 \\ a_7 & a_6 & a_5 & a_4 & a_3 \\ a_8 & a_7 & a_6 & a_5 & a_4 \end{pmatrix}$$

可以清楚地看到所需的结构，沿着对角线和超对角线上的所有元素都是相同的。可以根据第 3.1 节引入的 Python 语法，通过索引和切片来访问矩阵元素，如下所示：

```
a=symbols('a')
M[0,2]=0 # changes one element
M[1,:]=Matrix(1,3,[1,2,3]) # changes an entire row
```

15.5 SymPy 线性代数方法示例

线性代数的基本任务是求解线性方程组：

$$Ax = b$$

让我们象征性地来做一个 3×3 矩阵，如下所示：

```
A = Matrix(3,3,symbols('A1:4(1:4)'))
b = Matrix(3,1,symbols('b1:4'))
x = A.LUsolve(b)
```

这个相对较小的问题的输出已经是可读的，这可以在如下表达式中看到：

$$\left(\frac{1}{A_{11}}\left(-\frac{A_{12}}{A_{22}-\frac{A_{12}A_{21}}{A_{11}}}\left(b_2 - \frac{\left(A_{23}-\frac{A_{13}A_{21}}{A_{11}}\right)\left(b_3 - \frac{\left(A_{32}-\frac{A_{12}A_{31}}{A_{11}}\right)\left(b_2-\frac{A_{21}b_1}{A_{11}}\right)}{A_{22}-\frac{A_{12}A_{21}}{A_{11}}} - \frac{A_{31}b_1}{A_{11}}\right)}{A_{33}-\frac{\left(A_{23}-\frac{A_{13}A_{21}}{A_{11}}\right)\left(A_{32}-\frac{A_{12}A_{31}}{A_{11}}\right)}{A_{22}-\frac{A_{12}A_{21}}{A_{11}}} - \frac{A_{13}A_{31}}{A_{11}}} - \frac{A_{21}b_1}{A_{11}} \right) + A_{13}\left(\frac{b_3 - \frac{\left(A_{32}-\frac{A_{12}A_{31}}{A_{11}}\right)\left(b_2-\frac{A_{21}b_1}{A_{11}}\right)}{A_{22}-\frac{A_{12}A_{21}}{A_{11}}} - \frac{A_{31}b_1}{A_{11}}}{A_{33}-\frac{\left(A_{23}-\frac{A_{13}A_{21}}{A_{11}}\right)\left(A_{32}-\frac{A_{12}A_{31}}{A_{11}}\right)}{A_{22}-\frac{A_{12}A_{21}}{A_{11}}} - \frac{A_{13}A_{31}}{A_{11}}} \right) + b_1 \right) \right)$$

再次，使用 simplify 命令有助于我们检测删除条目并收集常见因素：

```
simplify(x)
```

这将得到如下输出，其与之前的输出项目好多了：

$$\begin{pmatrix} \dfrac{A_{12}A_{23}b_3 - A_{12}A_{33}b_2 - A_{13}A_{22}b_3 + A_{13}A_{32}b_2 + A_{22}A_{33}b_1 - A_{23}A_{32}b_1}{A_{11}A_{22}A_{33} - A_{11}A_{23}A_{32} - A_{12}A_{21}A_{33} + A_{12}A_{23}A_{31} + A_{13}A_{21}A_{32} - A_{13}A_{22}A_{31}} \\ \dfrac{-A_{11}A_{23}b_3 + A_{11}A_{33}b_2 + A_{13}A_{21}b_3 - A_{13}A_{31}b_2 - A_{21}A_{33}b_1 + A_{23}A_{31}b_1}{A_{11}A_{22}A_{33} - A_{11}A_{23}A_{32} - A_{12}A_{21}A_{33} + A_{12}A_{23}A_{31} + A_{13}A_{21}A_{32} - A_{13}A_{22}A_{31}} \\ \dfrac{A_{11}A_{22}b_3 - A_{11}A_{32}b_2 - A_{12}A_{21}b_3 + A_{12}A_{31}b_2 + A_{21}A_{32}b_1 - A_{22}A_{31}b_1}{A_{11}A_{22}A_{33} - A_{11}A_{23}A_{32} - A_{12}A_{21}A_{33} + A_{12}A_{23}A_{31} + A_{13}A_{21}A_{32} - A_{13}A_{22}A_{31}} \end{pmatrix}$$

随着矩阵维数的增加，符号计算会变得非常慢。对于大于 15 的维度，甚至可能会出现内存不足的情况。

图 15.3 说明了在线性系统的符号和数字求解之间的 CPU 时间差异。

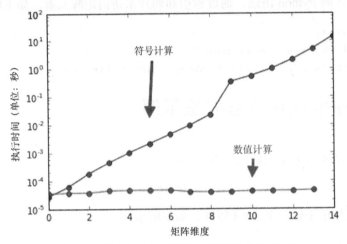

图 15.3 数字和符号求解线性系统的 CPU 时间

15.6 替换

下面先来看一个简单的符号表达：

```
x, a = symbols('x a')
b = x + a
```

如果令 x = 0，会发生什么？我们观察到 b 没有改变。所做的是改变了 Python 变量 x，它现在不再引用符号对象，而是引用整数对象 0。由字符串 'x' 表示的符号保持不变，b 也是如此。

相反，通过用数字、其他符号或表达式替换符号来更改表达式是通过特殊的替代方法完成的，代码如下所示：

```
x, a = symbols('x a')
```

```
b = x + a
c = b.subs(x,0)
d = c.subs(a,2*a)
print(c, d)    # returns (a, 2a)
```

该方法需要一个或两个参数：

```
b.subs(x,0)
b.subs({x:0}) # a dictionary as argument
```

字典作为参数使得我们可以一步进行多个替换，如下所示：

```
b.subs({x:0, a:2*a}) # several substitutions in one
```

由于字典中的条目没有定义的顺序（我们永远不知道哪个条目是第一个），因此需要确保排列的条目不会影响替换结果。在 SymPy 中，首先在字典中进行替换，然后在表达式中进行。示例如下所示：

```
x, a, y = symbols('x a y')
b = x + a
b.subs({a:a*y, x:2*x, y:a/y})
b.subs({y:a/y, a:a*y, x:2*x})
```

上述两种替换都将返回相同的结果，如下所示：

$$\frac{a^2}{y} + 2x$$

定义多个替换的第三种方法是使用旧值/新值对列表，如下所示：

```
b.subs([(y,a/y), (a,a*y), (x,2*x)])
```

也可以用其他方式替换整个表达式：

```
n, alpha = symbols('n alpha')
b = cos(n*alpha)
b.subs(cos(n*alpha), 2*cos(alpha)*cos((n-1)*alpha)-cos((n-2)*alpha))
```

为了说明矩阵元素的替代，再次以 5×5 Toeplitz 矩阵为例：

$$\begin{pmatrix} a_4 & a_3 & a_2 & a_1 & a_0 \\ a_5 & a_4 & a_3 & a_2 & a_1 \\ a_6 & a_5 & a_4 & a_3 & a_2 \\ a_7 & a_6 & a_5 & a_4 & a_3 \\ a_8 & a_7 & a_6 & a_5 & a_4 \end{pmatrix}$$

来考虑 `M.subs(T[0,2], 0)` 的替换, 它会在符号 a_2 的位置[0,2]处更改符号对象。替换也将同时在另外两个地方发生, 这些地方会自动受该替代影响。

给定的表达式是如下所得矩阵:

$$\begin{pmatrix} a_4 & a_3 & 0 & a_1 & a_0 \\ a_5 & a_4 & a_3 & 0 & a_1 \\ a_6 & a_5 & a_4 & a_3 & 0 \\ a_7 & a_6 & a_5 & a_4 & a_3 \\ a_8 & a_7 & a_6 & a_5 & a_4 \end{pmatrix}$$

或者, 可以为此符号创建一个变量, 并在替换中使用该变量, 如下所示:

```
a2 = symbols('a2')
T.subs(a2,0)
```

作为描述的有关替代的更复杂的示例, 如何将 Toeplitz 矩阵转换成三对角 Toeplitz 矩阵? 这可以通过以下方式来实现: 首先, 要生成一个我们想要替换的符号的列表; 然后, 使用 zip 命令生成一个对列表; 最后, 用上面给出的旧值/新值对列表来替换, 如下所示:

```
symbs = [symbols('a'+str(i)) for i in range(19) if i < 3 or i > 5]
substitutions=list(zip(symbs,len(symbs)*[0]))
T.subs(substitutions)
```

结果将得到如下矩阵:

$$\begin{pmatrix} a_4 & a_3 & 0 & 0 & 0 \\ a_5 & a_4 & a_3 & 0 & 0 \\ 0 & a_5 & a_4 & a_3 & 0 \\ 0 & 0 & a_5 & a_4 & a_3 \\ 0 & 0 & 0 & a_5 & a_4 \end{pmatrix}$$

15.7 评估符号表达式

在科学计算的语境中，通常需要首先进行符号操作，然后将符号结果转换为浮点数。

用来评估符号表达式的核心工具是 evalf，它通过如下方式将符号表达式转换为浮点数：

```
pi.evalf()   # returns 3.14159265358979
```

所得对象的数据类型是 Float（注意大小写），它是一个 SymPy 数据类型，允许任意位数（任意精度）的浮点数。

默认精度相当于 15 位数，但可以通过给定 evalf 一个额外的正整数参数（该参数以数位来指定所需的精度数字）来更改，如下所示：

```
pi.evalf(30)   # returns 3.14159265358979323846264338328
```

使用任意精度的结果是数字可以是任意小的，即经典浮点表示法的极限被突破，请参见第 2.2.2 节。

有意思的是，使用类型为 Float 的输入来评估 SymPy 函数将返回与输入具有相同精度的浮点数。我们在有关数值分析的更详细的示例中说明了这一事实的用法。

示例：牛顿法的收敛阶研究

如果存在如下正常数 C，则迭代 x_n 的迭代方法被称为使用阶数 q（其中，$1 < q \in \mathbb{N}$）的收敛：

$$\lim_{n \to \infty} \frac{\left| x_{n+1} - x_n \right|^q}{\left| x_n - x_{n-1} \right|} = C$$

以一个好的初始值开始的牛顿法的阶数 $q=2$，而且甚至对于特定问题，阶数 $q=3$。牛顿法在应用于问题 $\arctan(x)=0$ 时将得到如下迭代方案：

$$x_{n+1} = x_n - \frac{f(x_n)}{f'(x_n)} = x_n - \arctan(x_n) \cdot (x_n^2 - 1)$$

其将进行立方收敛，即 $q=3$。

这意味着从迭代到迭代的正确的位数的数量是 3 倍。演示立方收敛并使用标准的 16 位浮点数据类型来从数字上确定常数 C 几乎是不可能的。

下面的代码使用了 SymPy 和高精度评估，并研究了极限情况下的立方收敛：

```
x = sp.Rational(1,2)
xns=[x]

for i in range(1,9):
    x = (x - sp.atan(x)*(1+x**2)).evalf(3000)
    xns.append(x)
```

结果如图 15.4 所示，表明从迭代到迭代的正确位数的数量是 3 倍。

这个极限精度要求（3000 位数！）使我们能够以如下方式评估上述序列中的 7 个项目来演示立方收敛：

```
# Test for cubic convergence
print(array(abs(diff(xns[1:]))/abs(diff(xns[:-1]))**3,dtype=float64))
```

结果是 7 个条目的列表（假设 $C=2/3$）：

```
[ 0.41041618, 0.65747717, 0.6666665, 0.66666667, 0.66666667, 0.66666667,
0.66666667]
```

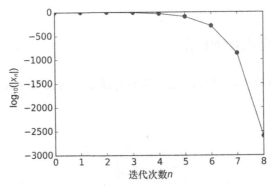

图 15.4　牛顿法应用于 arctan（x）＝0 的收敛研究

15.8　符号表达式转化为数值函数

如我们所知，符号表达式的数值计算分 3 个步骤完成，首先要进行一些符号计算，然后用数字来替换数值，最后通过 evalf 对浮点数进行评估。

需要符号计算的原因通常是我们要进行参数研究，这需要在给定的参数范围内修改参数，并且需要符号表达式最终转化为数值函数。

多项式系数参数依赖性研究

我们通过插值示例来说明符号/数值参数研究，以此引入 SymPy 命令 lambdify。

让我们考虑内插数据 $x=[0, t, 1]$ 和 $y=[0, 1, -1]$ 的任务。这里，t 是一个自由参数（其将在区间 $[-0.4, 1.4]$ 发生变化）。

二次插值多项式具有取决于该参数的系数：

$$y(x) = a_2(t)x^2 + a_1(t)x + a_0$$

使用 SymPy 和描述的单项式方法将得到这些系数的闭合公式，如下所示：

```
t=symbols('t')
x=[0,t,1]
# The Vandermonde Matrix
V = Matrix([[0, 0, 1], [t**2, t, 1], [1, 1,1]])
y = Matrix([0,1,-1]) # the data vector
a = simplify(V.LUsolve(y)) # the coefficients
# the leading coefficient as a function of the parameter
a2 = Lambda(t,a[0])
```

我们得到了关于插值多项式的前导系数 a_2 的符号函数：

$$\left(t \mapsto \frac{t+1}{t(t-1)} \right)$$

现在要将表达式转换为数值函数，比如，绘制一个图形。这是通过函数 lamdify 来实现的。该函数有两个参数，即一个独立变量和一个 SymPy 函数。

对于 **Python** 示例，我们可以编写如下：

```
leading_coefficient = lambdify(t,a2(t))
```

该函数现在可以通过以下命令进行绘制，例如：

```
t_list= linspace(-0.4,1.4,200)
ax=subplot(111)
lc_list = [leading_coefficient(t) for t in t_list]
```

```
ax.plot(t_list, lc_list)
ax.axis([-.4,1.4,-15,10])
```

　　图 15.5 是该参数研究的结果,我们可以清楚地看到由于多个插值点的奇点(这里是 $t = 0$ 或 $t = 1$):

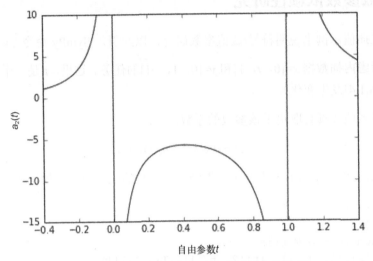

图 15.5　多项式系数对插值点位置的依赖关系

15.9　小结

　　本章介绍了符号计算的知识以及 SymPy 的作用。通过指导性示例,帮助读者学习了如何创建符号表达式、如何使用符号矩阵以及如何进行简化。使用符号函数并将其转化为数值评估,最终构建了科学计算和浮点结果的联系。当在使用其强大的结构和清晰的语法完全集成到 Python 中时,相信读者也体验到了 SymPy 的优势。

　　本书到最后一章只是一道开胃菜,而不是完整的菜单。我们希望能够激发读者对于未来关于科学计算和数学的编程挑战的渴望。

参 考 文 献

[1] M Abramowitz, I A Stegun. Handbook of Mathematical Functions with Formulas, Graphs and Mathematical Tables, U.S. Department of Commerce, 2002.

[2] Anaconda-Continuum Analytics Download page.

[3] Michael J Cloud, Moore Ramon E, R Baker Kearfott. Introduction to Interval Analysis, Society for Industrial and Applied Mathematics (SIAM), 2009.

[4] Python Decorator Library. URL:

[5] Z Bai E Anderson, C Bischof, S Blackford, J Demmel, J Dongarra, J Du Croz, A Greenbaum, S Hammarling, A McKenney, D. Sorensen. LAPACK Users'Guide, SIAM, 1999.

[6] fraction-Rational Numbers Library.

[7] Claus Führer, Jan Erik Solem, Olivier Verdier. Computing with Python, Pearson, 2014.

[8] functools-Higher order functions and operations on callable objects.

[9] Python Generator Tricks.

[10] G H Golub, C F V Loan. Matrix computations, Johns Hopkins studies in the mathematical sciences. Johns Hopkins University Press, 1996.

[11] Ernst Hairer and Gerhard Wanner. Analysis by its history, Springer, 1995.

[12] Python versus Haskell.

[13] The IEEE 754-2008 standard.

[14] Interval arithmetic.

[15] IPython: Interactive Computing.

[16] H P Langtangen, Python scripting for computational science (Texts in computational science and engineering), Springer, 2008

[17] H P Langtangen. A Primer on Scientific Programming with Python (Texts in Computational Science and Engineering), Springer, 2009.

[18] D F Lawden. Elliptic Functions and Applications, Springer, 1989.

[19] M. Lutz. Learning Python: Powerful Object-Oriented Programming, O'Reilly, 2009.

[20] NumPy Tutorial-Mandelbrot Set Example.

[21] matplotlib.

[22] Standard: Memoized recursive Fibonacci in Python.

[23] Matplotlib mplot3d toolkit.

[24] James M Ortega, Werner C Rheinboldt. Iterative solution of nonlinear equations in several variables, SIAM, 2000.

[25] pdb-The Python Debugger, documentation.

[26] Fernando Pérez, Brian E Granger. IPython: a System for Interactive Scientific Computing." In: Comput. Sci. Eng. 9.3 (May 2007), pp. 21-29.

[27] Michael J D Powell. "An efficient method for finding the minimum of a function of several variables without calculating derivatives." In: Computer Journal 7 (21964), pp. 155-162.

[28] Timothy Sauer. Numerical Analysis, Pearson, 2006.

[29] L F Shampine, R C Allen, S Pruess. Fundamentals of Numerical Computing, John Wiley, 1997. ISBN: 9780471163633.

[30] Jan Erik Solem. Programming Computer Vision with Python, O'Reilly Media, 2012.

[31] Python Documentation-Emulating numeric types.

[32] Sphinx: Python Documentation Generator.

[33] J Stoer, R. Bulirsch. Introduction to numerical analysis. Texts in applied mathematics, Springer, 2002.

[34] Python Format String Syntax.

[35] S Tosi. Matplotlib for Python Developers, Packt Publishing, 2009.

[36] Lloyd N Trefethen, David Bau. Numerical Linear Algebra, SIAM: Society for Industrial and Applied Mathematics, 1997.

[37] visvis-The object oriented approach to visualization.